未来の大人たちに教えたい

原発とサヨナラする54の理由

飯田哲也

牧野出版

はじめに

福島の大惨事から早1年がたちました。その間、「危険だからすぐに廃止すべき」「日本経済のために絶対に必要」といったように、原発の是非をめぐる議論はいまだやみません。

一方、福島の事故処理の行く先は不透明さを増すばかりです。いつ、どのような形で処理されるのか。汚染度はどの程度なのか。マスコミやインターネットに流れる情報を見れば見るほど、疑問は解消されるどころか、かえって深まるばかり。さらに、政府や電力関係者らの場当たり的な対応を見ていれば、何が正しくて、何が間違っているのか、迷い、戸惑ってしまうのは当然のことでしょう。

ですが、実は答えは一つしかありません。ズバリ言います。

「原発がなくても日本はまったく困りませんし、未来の世代のためにも、今こそ原発にサヨナラすべきです」

このような私の考えが絵空事でないばかりか、もっとも現実的な選択肢であることを、これから語っていきましょう。

本書の中心は、54問のＱ＆Ａです。前半では、いわゆる「原発神話」というものが、いかに〝ずさん〟でいかに〝空っぽ〟なものであるかを説明していきます。

そして後半のテーマは、「原発でも火力でもなく自然エネルギーこそが、〝未来の大人たち〟の生活を守る」ということ。自然エネルギーは「不安定」「コストが高い」「技術的に困難」といった「アンチ自然エネルギー論」が、まったくのデタラメだということがわかるはずです。

これまでの私たちは、電気はどのように生みだされるのかということを考えることはありませんでした。しかし、原発事故という不幸な出来事が起きた結果、その〝中身〟を知ることができたわけです。原発の問題は原発がある地域だけの問題では決してありませんし、ここ数年のうちに片付くものでもありません。この問題を考えること、イコール未来の日本社会のあり方を考えることになるわけです。

ちなみに、本書で用意したＱ＆Ａの「54」という数字。実は、これは福島の原発も含めて、２０１２年2月現在、日本にある原発の総数と同じです。

どこからでもかまいません。Ｑ＆Ａを読み、現実の社会をもう一度見直す……。そんな簡単なところから、希望のもてる未来づくりへの第一歩を踏み出してはみませんか。

未来の大人たちに教えたい

原発とサヨナラする54の理由

目次

はじめに　1

プロローグ　原発ことはじめ

Q0　一体、今まで日本人はどういうふうに原発と付き合ってきたの？　12

1945年～　12
1959年～　14
1978年～　16
1997年～　18
2011年～　20

Part I 原発のウソとホント

Q1 福島原発の事故処理はいつ終わるの？ 22
Q2 日本の原発の技術は高いんじゃなかったの？ 24
Q3 福島以前に深刻な国内の原発事故ってなかったんでしょ？ 26
Q4 福島とよく比べられるチェルノブイリの事故ってどんなものだったの？ 28
Q5 世界と比べて日本の事故の対応は、どこがヘンだったの？ 30
Q6 原子力の専門家は、福島のような事故が起こるとは思っていなかったの？ 32
Q7 一体、地震に強いつくりの原発ってどこかにあるの？ 34
Q8 原発の安全チェックは当然専門家がやっているんだよね？ 36
Q9 結局、原発を管理している省庁ってどこなの？ 38
Q10 もし原発事故が起こって家に住めなくなったら、誰がどうしてくれるの？ 40
Q11 電力会社にとって原発のおトクさってどこにあるの？ 42
Q12 原発1基分の建設費用っていくらくらい？ 44
Q13 日本にある原発は当然すべて日本製だよね？ 46

Q14 原発はほかの発電方法と比べて安上がりなんでしょ？ 48
Q15 使い終わった核燃料は再利用できるって聞いたけど…… 50
Q16 原発の寿命ってどれくらい？ 52
Q17 仮に事故対策が万全ならば、原発を使用しても問題ないのでは？ 54
Q18 原発を止めさえすれば問題はすべて解決するんでしょ？ 56
Q19 原発を全部やめちゃったら、原発の専門家がいなくなっちゃうんじゃない？ 58
Q20 事故が起きてもなお原発を維持したがっているのは誰なの？ 60
Q21 今、原発が建っている地域はそもそもなぜ原発を誘致したの？ 62
Q22 原発がある地域はどこも財政的に豊かなんでしょ？ 64
Q23 福島の事故後、原発建設計画ってどうなったの？ 66
Q24 原発をなくすと雇用が減ってしまうのでは？ 68
Q25 日本は資源が少ないから、原発を止めたらマズいんじゃない？ 70
Q26 実は、石油とか石炭はまだ余ってるんでしょ？ 72
Q27 日本の原発の数は、世界に比べて多いの？少ないの？ 74
Q28 原発はCO_2削減の切り札ではなかったのですか？ 76

Q29 夏場に停電すると言われながら、まったく停電しなかったのはなぜ？ 78
Q30 電力不足になったら電力会社同士で補い合えばいいのでは？ 80
Q31 どうして地域ごとに使える電力会社が決まっているの？ 82
Q32 地域ごとに使える電力会社が決まっている国ってほかにもあるの？ 84
Q33 節電はいつまで続けるべきですか？ 86
Q34 簡単でしかも効果のある節電方法なんてあるの？ 88
Q35 事故前と事故後で原発に関する報道の仕方は変わったの？ 90
Q36 日本では福島の事故以前に、原発のあり方についての議論はなかったの？ 92
Q37 ヨーロッパでは脱原発が進んでいるのに、事故が起きた日本で進まないのはなぜ？ 94

Part Ⅱ 未来のエネルギーと私たちの選択

Q38 仮に原発を止めても、すぐに自然エネルギーを導入するのは無理なのでは？ 98
Q39 風力とか太陽光発電だと、電力の供給が不安定になるのでは？ 100
Q40 実際、太陽の光ってどれくらい発電に役立つの？ 102
Q41 世界的にも自然エネルギー導入を進めているのはごく一部の国でしょう？ 104

Q42 自然エネルギーと一口に言うけど、日本で使えるものは限られているのでは？ 106
Q43 自然エネルギーって、まだまだ発展途上なんでしょ？ 108
Q44 自然エネルギーのコストは、ほかの発電方法と比べて高いのでは？ 110
Q45 そもそも、自然エネルギーは本当に環境にやさしいの？ 112
Q46 日本で自然エネルギーが実用化されるのは、まだまだ先でしょ？ 114
Q47 将来的に見ても、自然エネルギーだけで電力をまかなうのは無理なのでは？ 116
Q48 自然エネルギーを導入すると、地域はどんなふうに変わるの？ 118
Q49 自然エネルギーの経済効果ってたいしてないんじゃない？ 120
Q50 日本の自然エネルギーに関する技術の話って聞いたことないんだけど…… 122
Q51 日本は温泉大国なんだから、温泉の熱をうまく使えないの？ 124
Q52 今使われている水力発電だって自然エネルギーなのでは？ 126
Q53 世界の国々では誰が中心となって自然エネルギーの導入を進めているの？ 128
Q54 よりよい未来を迎えるために、私たちが今考えるべきことは何ですか？ 130

おわりに 132

エネルギー参考資料

1 核のゴミってどんなもの？ 137
2 知ってトクする　エネルギーキーワード集 139
3 家庭でカンタン　省エネ・節電術 141

イラストレーション　サカタルージ©
ブックデザイン　ミュー©（AD飯村隆×D堀越千穂＝PD飯村俊枝）

プロローグ

原発ことはじめ

Q0 一体、今まで日本人はどういうふうに原発と付き合ってきたの？

A まずは、年表で追っていってみましょう。

1945年 広島、長崎に原爆が投下される

1949年 旧ソ連が原爆の保有を公表する

1951年 東京電力など地域ごとに9（後に10）の電力会社が設立される

1952年 アメリカが、世界で初めて核兵器の一種である水爆の実験を行う

1953年 **アメリカのアイゼンハワー大統領が、国連で原子力の平和利用を訴える「Atoms for Peace（平和のための原子力）」演説を行う**

当時、米ソ両国を中心に自由主義諸国と共産諸国が対立し、核戦争という最悪の事態すら現実味を帯びてきました。そこで、アメリカのアイゼンハワー大統領は、原子力を軍事ではなく平和目的で利用することを訴えたのです。この演説をきっかけに、日本を含め世界中で原発開発が進んでいきます。

1954年

太平洋上のビキニ環礁《かんしょう》で行われたアメリカの水爆実験により、日本の漁船「第五《だいご》福竜丸《ふくりゅうまる》」の船員が被ばくする

中曽《なかそ》根《ね》康弘《やすひろ》衆院議員が原子力研究開発予算を国会に提出する

旧ソ連で世界初の原子力発電所が運転を開始する

1955年

原子力基本法が成立し、「民主・自主・公開」という原子力3原則が定められる

岡山・鳥取県境の人形《にんぎょう》峠《とうげ》でウラン鉱が発見される

1956年

国の機関である原子力委員会が設置され、正力《しょうりき》松太郎《まつたろう》衆院議員が初代委員長に就任する

科学技術庁（現・文部科学省）が設置され、正力松太郎衆院議員が初代長官に就任する

日本原子力研究所（現・日本原子力研究開発機構）が設立される

1957年

アメリカ主導でＩＡＥＡ（国際原子力機関）が設立される

日本原子力発電株式会社が設立される

実は、ビキニ環礁で日本人が被ばくした直後、まだその事件を知らない日本の国会で議論らしい議論もなく、初めて原子力開発の予算案が通過しました。被ばく事件が明らかになるのはその約2週間後のこと。なぜ、この微妙な時期に中曽根康弘氏が原発導入への道筋をつけたのか。今も、ナゾに包まれています。

中曽根氏とともに日本の原発導入に大きな力を発揮したのが、正力松太郎氏でした。前職がテレビ局の社長だった正力氏は、政治とマスコミの力をフルに使って、原子力の安全性を国民に強調していったのです。

1959年　日本原子力学会が設立される

1963年　**日本初のテレビアニメ『鉄腕アトム』の放送が開始される**
茨城県東海村《とうかいむら》の日本原子力研究所・動力試験炉で、国内初となる原子力発電に成功する

1964年　東海道新幹線が開通する
東京オリンピックが開催される

1966年　日本初の商業用原子力発電所となる日本原子力発電東海発電所（茨城県）が運転を開始する

1969年　原子力船「むつ」が進水する

1970年　**日本原子力発電敦賀《つるが》発電所（福井県）が運転を開始し、同じ日に開幕した大阪万博に電力を送る**
関西電力美浜《みはま》発電所（福井県）が運転を開始する

今や日本を代表する文化となったテレビアニメ。その第1号が手塚治虫原作の『鉄腕アトム』です。このアニメヒーローのエネルギー源が、実は原子力でした。アニメという子どもの世界にも登場したように、原子力は夢のエネルギーだと誰もが信じていたのです。

高度経済成長の象徴となった大阪万博の開幕と同時に、敦賀原発の運転が始まりました。原発は、まさに日本の経済発展の原動力として期待されていたのです。しかし、皮肉にも大阪万博の開会中に、みぞうの好景気は終わりを迎えます。

1971年　東京電力福島第一原子力発電所（福島県）が運転を開始する

1973年　**四国電力伊方《いかた》発電所（愛媛県）1号機設置許可の取り消しを求めて、住民が田《た》中角栄《なかかくえい》首相（当時）に対して訴訟を起こす**

第4次中東戦争の影響で原油価格が高騰《こうとう》したことにより、第1次石油ショックが起こる

1974年　中国電力島根原子力発電所（島根県）が運転を開始する

電源開発促進税法、電源開発促進対策特別会計法（当時）、発電用施設周辺地域整備法からなる「電源三法《でんげんさんぽう》」が制定される

原子力船「むつ」が放射能漏れ事故を起こす

1975年　九州電力玄海《げんかい》原子力発電所（佐賀県）が運転を開始する

1976年　中部電力浜岡《はまおか》原子力発電所（静岡県）が運転を開始する

1977年　伊方原発が運転を開始する

原発の是非をめぐる裁判のさきがけとなったのが、伊方原発訴訟です。地元の漁民・農民が科学者らの助けを得て、原発の安全性に異を唱えました。しかし、一、二審ともに訴えは退けられ、1992年、地元住民側の敗訴が確定。国の「原発安全神話」に、司法がお墨付きを与えることになったわけです。

時の田中角栄政権下で、いわゆる「電源三法」が成立します。目的は、原発などを誘致した自治体に補助金を出し、地域の整備・振興を促進するというもの。これ以降、全国で原発建設が加速していきます。

1978年　原子力委員会が改組され、新たに原子力安全委員会が設置される

1979年　イラン革命の影響で原油価格が高騰《こうとう》したことにより、第2次石油ショックが起こる
アメリカのスリーマイル島原発で、機械故障や係員のミスなどが重なり炉《ろ》心《しん》が溶ける事故（メルトダウン）が発生する

1981年　敦賀原発で放射能漏れ事故が発生する

1982年　東京電力福島第二原子力発電所（福島県）が運転を開始する

1984年　東北電力女川《おながわ》原子力発電所（青森県）が運転を開始する
日本の総電力量に占める原子力発電の割合が20%を超える

1985年　**SPEEDI（スピーディ、緊急時迅速放射能影響予測ネットワークシステム）の運用が開始される**

原子力先進国アメリカで起きたスリーマイル島原発事故は、世界中を揺るがしました。ドイツなど世界各地で原発反対デモが行われます。ところが、日本のマスメディアでは大きく取り上げられず、原発の危険性への関心はとくに高まることはありませんでした。

SPEEDIとは、原子力事故による放射能汚染の状況を予測し、その情報を提供するシステムのこと。福島の事故の際に「使われなかった」ことで知られますが、なぜそうなったのか。真相を明らかにする調査が待たれるところです。

1986年　旧ソ連のチェルノブイリ原発で爆発事故が発生し、放射性物質が北半球のほぼ全域に飛び散る

1987年　**商業的にまったく採算が合わなかったため、人形峠でのウラン採掘が中止される**

1989年　北海道電力の泊《とまり》発電所（北海道）が運転を開始する

1991年　美浜原発の2号炉で、蒸気発生器の伝熱管破損により、非常用炉心冷却装置が作動する事故が発生する

1992年　日本の総電力量に占める原子力発電の割合が30％を超える

1993年　北陸電力志《し》賀《か》原子力発電所（石川県）が運転を開始する

1995年　**福井県敦賀市に建設された高速増殖炉《こうそくぞうしょくろ》「もんじゅ」で、運転開始から4ヵ月後、ナトリウム漏れ事故が発生する**

人形峠のウラン鉱山は、結局20年間で原発1基を半年動かせる分のウランしか製造できず、閉山されます。ところが翌年、100万トンものウラン残土の放置が発覚。住民が訴訟を起こし一部は撤去されましたが、まだまだ大量の放射性物質が野ざらしのままとなっています。

高速増殖炉「もんじゅ」は、発電しながら消費量以上の燃料を生む「夢の原子炉」と期待されていました。ところが、運転開始以来トラブルの連続。1兆円以上の税金をつぎ込みながら、いまだ実用のメドは立っていません。

1997年　動力炉・核燃料開発事業団（現・日本原子力研究開発機構）東海事業所（茨城県）で爆発火災事故が発生する

京都議定書が第3回気候変動枠組条約締約国会議で採択される

1999年　茨城県東海村にある株式会社JCOのウラン加工工場で、臨界《りんかい》事故が発生する

2001年　浜岡原発1号機で、水素の燃焼にともなう急激な圧力上昇で配管が破断する事故が発生する

2002年　**東京電力が、原発検査データを改ざん・ねつ造していたことが発覚する**

2003年　前年のデータ改ざん事件の影響で、東京電力が所有する全原発17基の運転が停止される

東北電力が新潟県巻《まき》町（現・新潟市）で進めていた巻原子力発電所の建設計画を撤回する

東京電力が、原発機器のひび割れなど数々の不祥事を隠してきたことが発覚。首脳陣は退陣に追い込まれます。しかし、その後も事故隠し、データ改ざんなどの不祥事が次々と明るみに出ました。

原発建設が続くなか、住民の意志で原発に「NO」を突きつけた地域もあります。新潟県巻町では、1995年に住民投票を実施し、反対派が勝利。それを受け、町長が建

2004年 美浜原発3号機において配管破損事故が発生し、作業員5名が死亡、6名が重傷を負う

2005年 原子力発電を基幹電源と位置づける「原子力政策大綱」が決定される

2006年 東京電力をはじめとする複数の電力会社による、原発など発電施設のデータ改ざん、書類の不備などが発覚する

東芝がアメリカの大手原子炉メーカー・ウェスチングハウス社を買収する

2007年 北陸電力が、1999年に志賀原発1号機で臨界事故が発生していたことを認める

東京電力が、1978年に福島第一原発3号機で国内初となる臨界事故が発生していたことを認める

新潟県中越沖《ちゆうえつおき》地震により、東京電力柏崎刈羽《かしわざきかりわ》原子力発電所（新潟県）で火災や損傷、汚染水の流出などの事故が発生する

設予定地の町有地を反対派に売却しました。一方、原発推進派は訴訟を起こしましたが敗訴し、建設計画は中止へと追い込まれたのです。

実は、福島の原発事故以前にも地震による原発災害が起きていました。中越沖地震の直撃を受けた柏崎刈羽原発事故です。消火栓の損壊による消火の遅れや汚染水の流出など、さまざまなトラブルが発生しました。しかし、それらは「想定外」の揺れのせいによる例外とされてしまいます。ところが、それからわずか4年後、福島でまたもや「想定外」の揺れが起こり、大事故が発生することになるのです。

２０１１年

北陸電力が唯一所有する志賀原発の運転が停止される

東北地方太平洋沖地震と津波などにより、福島第一原発で水素爆発、放射能漏れ、メルトダウンなど大事故が発生する

中部電力が唯一所有する浜岡原発の運転が停止される

福島の原発事故を受け、ドイツが２０２２年までに国内の原発の廃止を決定する

イタリアで原発再開の是非を問う国民投票が行われ、政府の原発再開案が拒否される

日本原子力発電が所有するすべての原発の運転が停止される

東北電力が所有するすべての原発の運転が停止される

スイス議会が、２０３４年までに国内のすべての原発を段階的に廃止する政府案を可決する

九州電力が所有するすべての原発の運転が停止される

２０１２年

四国電力が唯一所有する伊方原発の運転が停止される

中国電力が唯一所有する島根原発の運転が停止される

関西電力が所有するすべての原発の運転が停止される

福島の原発事故は、それまでにない影響を世界に与えました。事故前に原発推進を決めていたドイツが脱原発を宣言。また、同国電機大手のシーメンス社も原発事業からの撤退を決めました。ほかにも、世界各国で原発政策が見直されるなか、当事国である日本は原発輸出計画を進めるなど、原発にこだわる姿勢を堅持しています。

２０１２年２月末現在、日本で稼働中の原発はわずか２基となりました。さて、これは一体どういう意味をもつのか。これから見ていきましょう。

Part 1

原発のウソとホント

Q1 福島原発の事故処理はいつ終わるの？

A この先、数百年単位の作業となるでしょう。

政府と東京電力の計画では、原子炉から溶けた核燃料を取り出し、廃止措置が完了するまでを30～40年としていますが、私はまったくできる見通しがないと思います。１９８６年に発生したチェルノブイリ（旧ソ連、現ウクライナ）の原発事故では、核燃料が飛び散ってしまったうえ、わずかに残った核燃料ですら巨大な石棺で覆ったまま手がつけられません。

福島第一原発の現状は、溶けてしまった核燃料がどこにあるのかもわかりませんし、もしかしたら地下水に流れ込んでしまっているかもしれません。政府は２０１１年12月に事故の「収束」を宣言しましたが、それは、核燃料が溶けないようにする冷却水の温度が１００度を超えなくなった「冷温停止」状態を指しているだけで、状況としては空気に対する汚染度が下がったくらいです。

世界中のエキスパートを集めて、さまざまな事態を想定しながら事故処理に当たらないと、ことは進みません。うまく核燃料を取り出せたとしても、その後、数百年間にわたる管理が必要になってくるでしょう。

■福島第一原発はこれからどうなる？

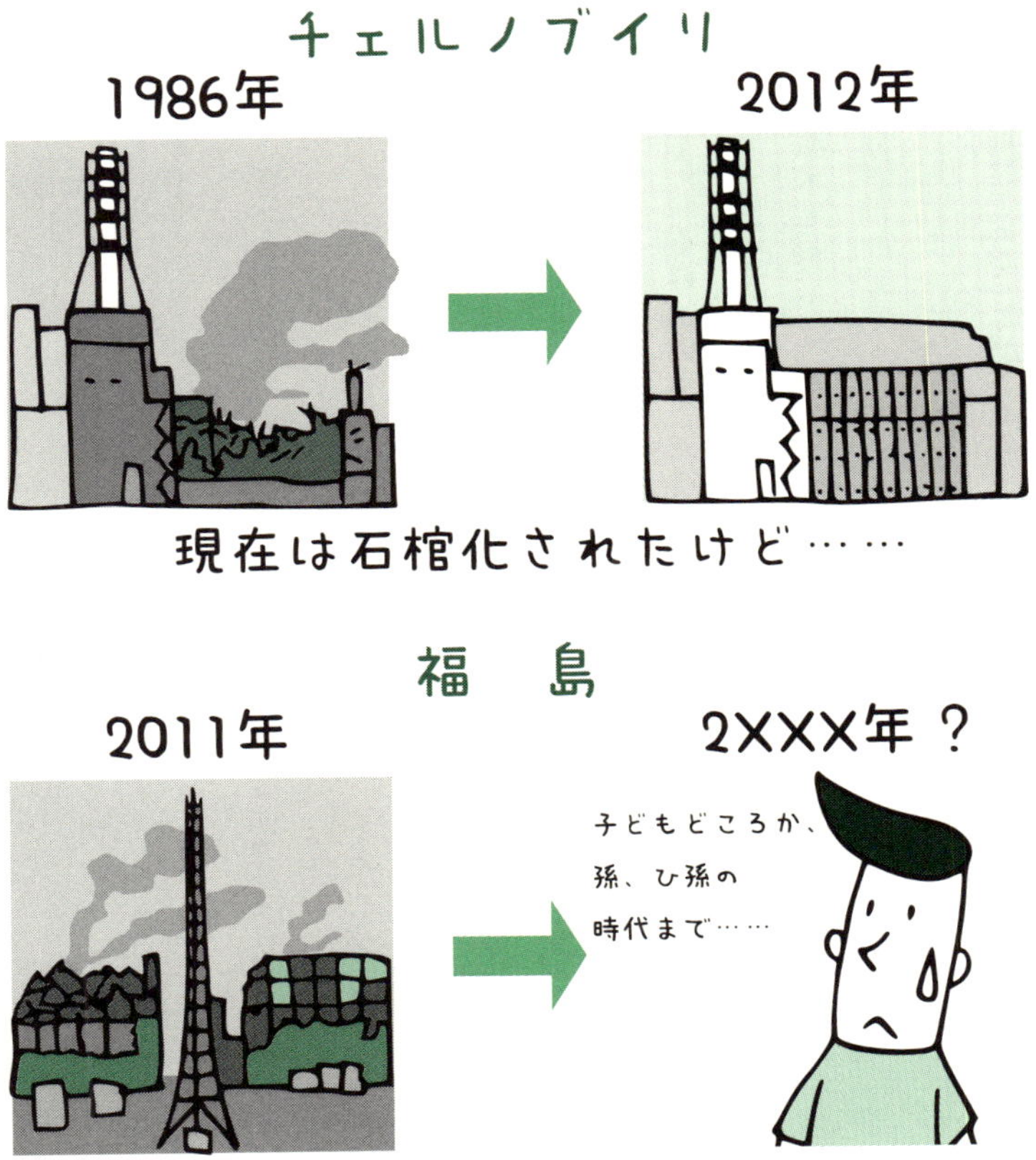

チェルノブイリ
1986年
2012年
現在は石棺化されたけど……
福　島
2011年
2XXX年？
子どもどころか、
孫、ひ孫の
時代まで……

チェルノブイリ原発4号炉は、事故からわずか数カ月後に石棺化（コンクリートで覆うこと）されましたが、老朽化により新たな覆いをかぶせる計画が進行中です。ただし、そのメドは現在のところ立ってはいません。

Q2 日本の原発の技術は高いんじゃなかったの？

A いいえ。高いどころか、日本の重電メーカーだけでは原発はつくれません。

世界でも、日本の科学技術力は高いと思われていますが、原子力に関する技術については、けっして高いとはいえません。日本の電力会社と重電メーカーは、１９６０年代からアメリカの重電メーカーと手を組み技術を輸入し、原発をつくり始めました。

ところがそれから50年ほどたった今でも、日本の重電メーカーはアメリカなど海外のメーカーと協力して原子炉をつくっています。つまり、日本ではいまだに独自の技術だけで原子炉を設計することができないのです。

しかも、原発建設の技術のみならず、日本の原子炉製造の機械基準も、アメリカの原子力機器基準である、アメリカ機械工学会（ＡＳＭＥ）規格をそっくり焼き写しているだけの、文字通りカーボンコピーなのです。

幅広い科学的知見や工学的な経験を取り込みながら規格を発展させてきたＡＳＭＥとは異なり、日本ではそのような活動は何一つなされていません。

日本の原子力にまつわる技術や知識は、いまだにアメリカに依存したままなのです。

■日本と海外の原子炉メーカーの関係

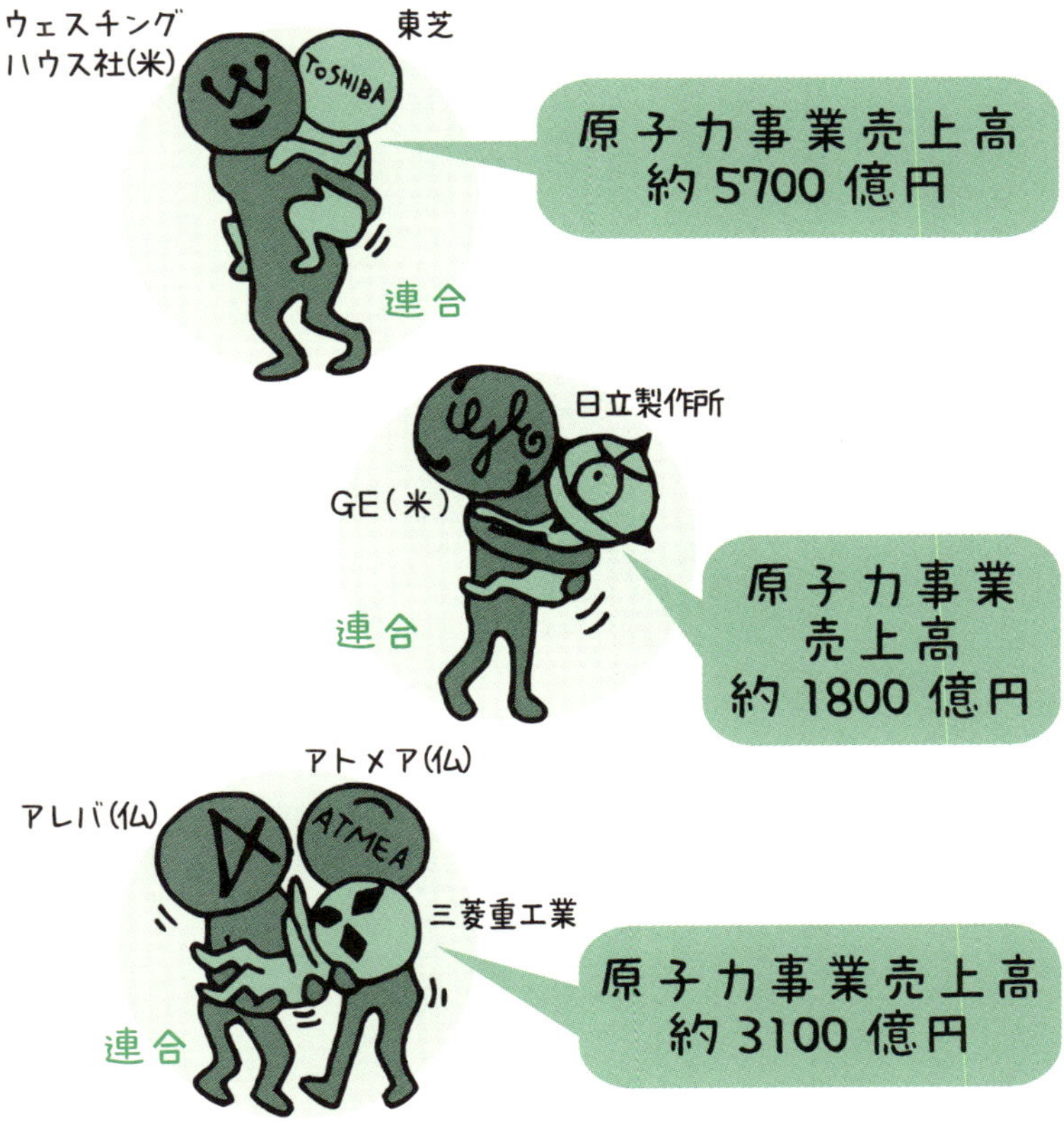

現在、世界の原子炉メーカーはこの3連合でほぼ独占されています。とりわけ2006年、高い技術を求めて東芝と三菱重工はウェスチングハウス社買収に乗り出し、東芝が買収に成功しました。

Q3 福島以前に深刻な国内の原発事故ってなかったんでしょ？

A とんでもない。死傷者が出た大事故もありました。

　福島第一原発事故以前にも、日本の原発はたくさんの事故を起こしています。なかには死傷者が出た深刻なものもありました。

　１９９９年、茨城県東海村にあったウラン燃料の加工施設「JCO」では、作業員がルールを守らずに、バケツで高濃縮のウランをタンクに入れたため、タンクでウランが臨界状態となり、被ばくにより作業員2名が死亡。

　２００４年には、福井県美《み》浜《はま》町の美浜原発で劣化した配管が破裂。高温の蒸気が吹き出し作業員5名が死亡、6名が負傷しました。

　いずれも安全管理が徹底されていれば防げた事故です。原発では、操作の誤り一つがとんでもない事故を引き起こすことが実感されていないとしか言いようがありません。

　さらに悪質なのが、こうした大小さまざまな原発のトラブルを、電力会社、国、専門家が示し合わせて隠そうとすることです。自分たちの利益を守るために悪事をかばい合う。これはまさに日本の「ムラ社会」が生んだ悪しきなれ合いです。だから私は皮肉を込めて、彼らのことを「原子力ムラ」と呼ぶのです。

■主な原発事故の深刻度の比較

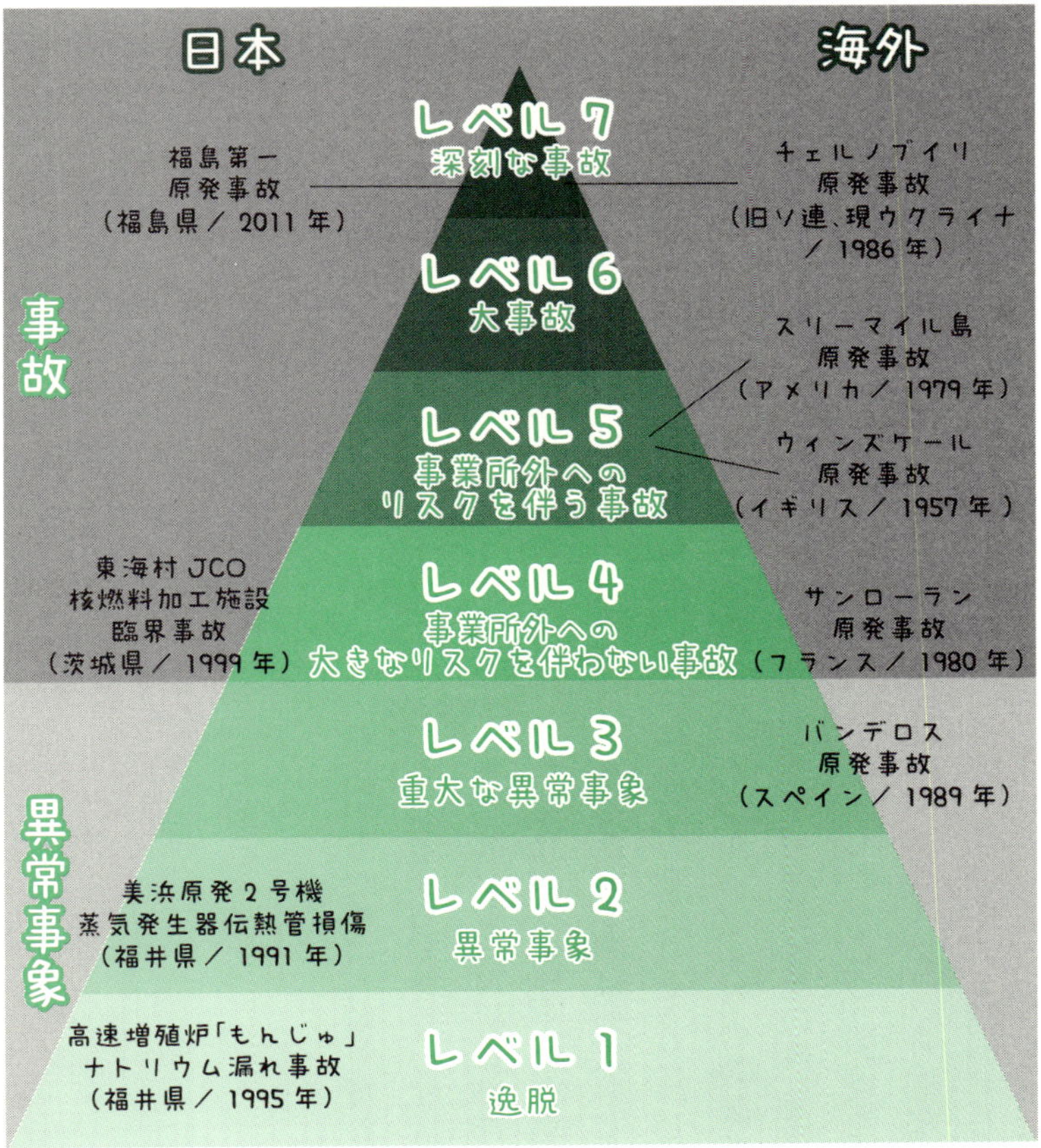

レベルは国際原子力事象評価尺度という原子力事故の世界基準によります。
レベル7がもっとも深刻で、「放射性物質の重大な外部放出」があった場合に認定。

Q4 福島とよく比べられるチェルノブイリの事故ってどんなものだったの？

A 人類史上最悪といわれた原発事故です。

チェルノブイリ原発事故は、１９８６年４月26日、旧ソ連（現・ウクライナ）で起こった史上最大級の原発事故です。

事故の概要は、実験中の原子炉で核反応が制御不能になり、核燃料が溶けて（メルトダウン）爆発し、火災が起こったというもの。

事故による死者、健康被害を受けた人の数は何千人にも上るといわれ、いまだに正確な数は把握されていません。放出された放射性物質は、ヨーロッパ諸国に広がりました。

事故を起こした原子炉は、放射性物質を閉じ込めるために石棺で覆われ、今でも人が近づくことすらできない状況です。

チェルノブイリの事故を受けて、日本国内でも原発の安全性や存在意義を問う声が高まりましたが、国は他人事と決め込んで、原発のあり方を見直そうとはしませんでした。

チェルノブイリの教訓を生かすどころか、国や電力会社はその後も事故対策をおこたってきました。こうした彼らの当事者意識の欠如が、チェルノブイリ同様、人類史上に残る最悪の原発事故を招いてしまったのです。

■いまだ終息しないチェルノブイリ原発事故

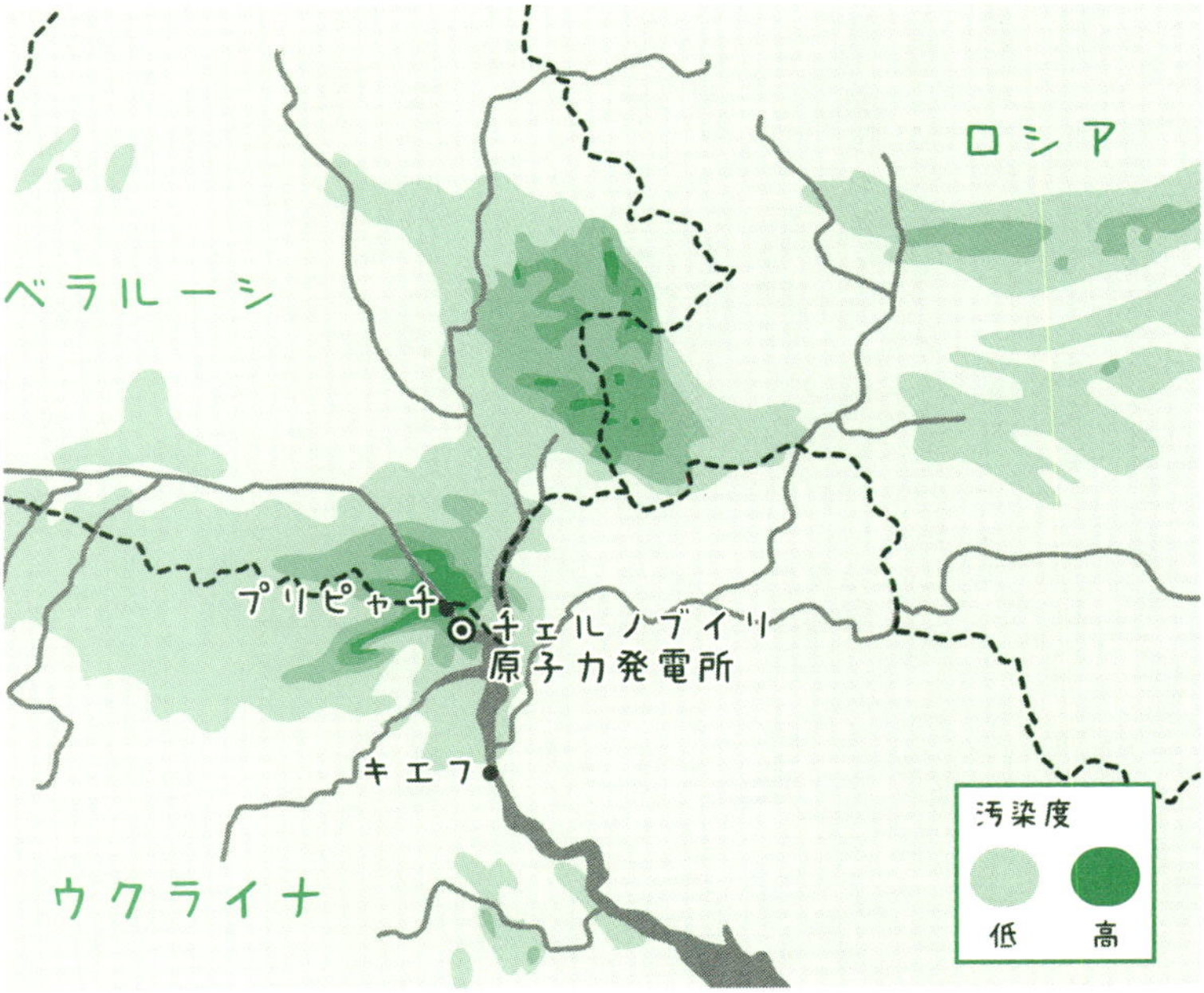
ロシア
ベラルーシ
プリピャチ
チェルノブイリ
原子力発電所
キエフ
ウクライナ
汚染度
低
高

チェルノブイリ原発事故では、およそ13万人の人びとが避難を余儀なくされ、いまだに原発から半径30キロを中心とした立ち入り制限区域には戻ることができていません。原発から4キロの場所にあるプリピャチの街は、事故当時のままに放置され、廃墟と化しています。

Q5 世界と比べて日本の事故の対応は、どこがヘンだったの？

A 国民の安全より政府の都合を優先したところです。

日本政府の原発事故対応のまずさは、避難区域の例をとってみても明らかです。

アメリカは最悪の事態を想定して、3月17日の時点で日本にいる自国民に、原発から80キロ圏外への避難勧告を出しました。

一方で、日本政府は3月11日の夜に、原発の危機的状況を知っていたにもかかわらず、当初はわずか半径2～3キロ圏内の住民に避難指示を出し、10キロ圏内の住民に屋内退避を指示しただけです。本来なら、「SPEEDI（スピーディ、緊急時迅速放射能影響予測ネットワークシステム）」を駆使して迅速かつ正確に避難指示を出さなければいけません。しかし、SPEEDIの情報が公開されたのは、事故からおよそ2週間もたった3月23日でした。それも一部です。ところが、実はSPEEDIの情報は事故当日の夜には官邸に流れ、福島にも届いていたと、メディアは指摘しています。

どんな理由があろうとも、自分たちの都合で国民に無用の被ばくをさせてしまった関係者には、原子力技術を扱う資格があるのかすら疑わしいと言わざるをえません。

■日本と海外の福島第一原発事故に対する対応の違い

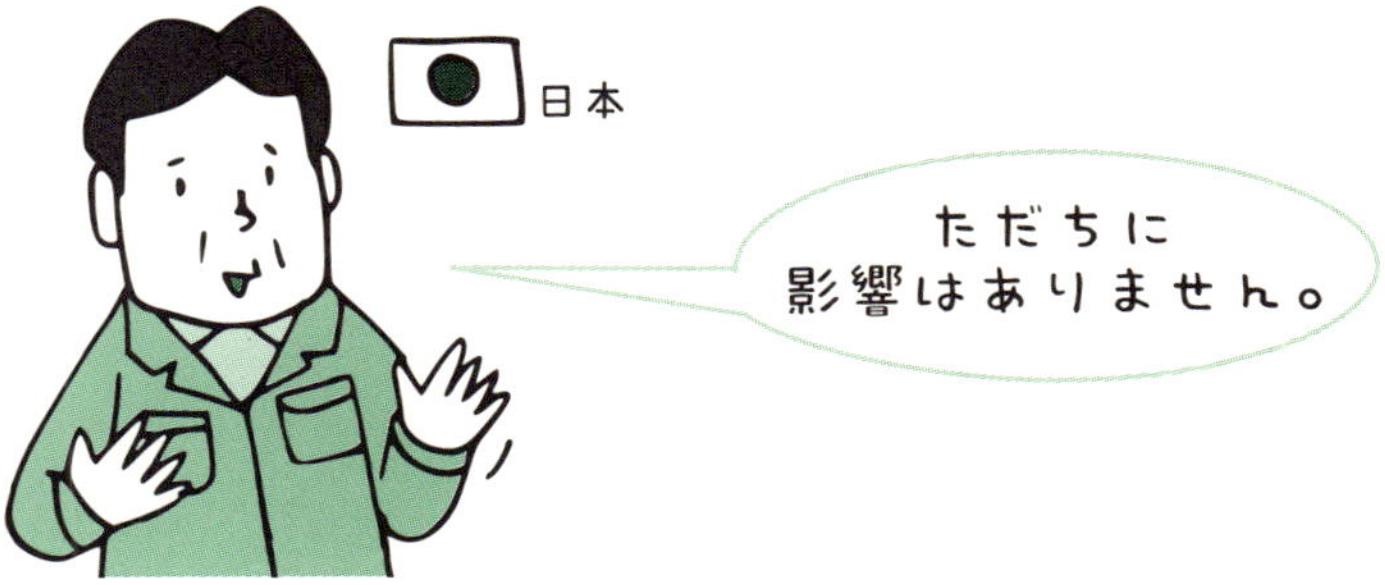
日本
ただちに影響はありません。

できれば日本から離れて！
フクシマ原発から80キロ以内にいる人は避難して！
ドイツ大使館
アメリカ大使館

日本が、当初2～3キロ圏内（後に20～30キロに拡大）の住民へ避難を呼びかけたのに対して、アメリカでは、最悪の事態を計算して、80キロ圏外への避難を呼びかけました。

Q6 原子力の専門家は、福島のような事故が起こるとは思っていなかったの？

A そのとおり。ここまでの事故が発生するとは誰も思っていませんでした。

実は、私でさえ、ここまでの大事故が日本で起こるとは考えていませんでした。そういう意味では、私も福島の事故前までは、原子力ムラの考え方から完全に脱出できていなかったと言えるかもしれません。

一方で、事故当日、ドイツにいた私は首相官邸のホームページにアップされていた資料を見てがく然としたのも事実です。そこには、2号機でメルトダウンが22時20分に始まっているかもしれない、その1時間半後には原子炉圧力容器が壊れるかもしれないと、書かれていました。これを見れば、原子力関係者は当然、続く水素爆発の発生を想定します。ところが、原子力安全委員会の班目《まだらめ》春樹《はるき》委員長は、この期に及んでなお、「水素爆発は絶対に起きない」と断言したのです。

3月12日に水素爆発が起こった際、対応を尋ねられた関係者は、皆黙り込んでしまったそうです。「想定外」とは、つまりは考える気すら起こさなかった完全なる思考停止状態のこと。これくらい、原子力関係者は「原発安全神話」にどっぷりと浸かっていたのです。

■大震災による原発事故は本当に想定外だった？

原発事故を想定しうる、過去の出来事

■2007年

新潟県中越沖地震による
柏崎刈羽原発の火災・放射能漏れ事故

■2010年

福島第一原発2号機で電源喪失、
水位低下事故

■2010年

原子力安全基盤機構からの、
津波の被害により起こりうる「炉心損傷」についての指摘

実は、原発の安全性について、2010年の時点で、津波が15メートルを超えた際、「炉心損傷」が起こる可能性が原子力安全基盤機構によって指摘されていました。それ以前にもさまざまなレポートなどで、今回のような事故の可能性が指摘されていたのですが、対策は講じられませんでした。

津波は
想定外だったから
ゆるして……

甘いよ！

Q7 一体、地震に強いつくりの原発ってどこかにあるの？

A 多くの原発が地震による事故の危険にさらされています。

当初、福島の原発事故の直接的な原因は、津波による電源喪失だと考えられていました。ところが現在では、福島第一原発で地震直後から高い放射線量が検出されていたことから、地震で壊れた可能性が指摘されています。つまり、津波対策を怠っていただけでなく、地震にも非常に弱かったわけです。

2007年に新潟県の柏崎刈羽《かしわざきかりわ》原発を中越沖地震が直撃した時も、設計時の想定をはるかに上回る激しい揺れのため、大きなダメージを受けました。

2011年5月6日に、菅直人首相（当時）が中部電力に対して停止を求めた静岡県の浜岡原発は、東海地震の想定発生域に位置しています。マグニチュード8程度の地震の発生確率が今後30年以内で87％という、きわめて危険な状態です。仮に地震で事故が起こったら、連鎖的な大事故につながりかねないと、識者から指摘されています。

地震大国日本には縦横無尽に活断層が走っています。そんな危険極まりない土地に多くの原発が建っているのが現実なのです。

■地震発生地域と原発立地の日米比較

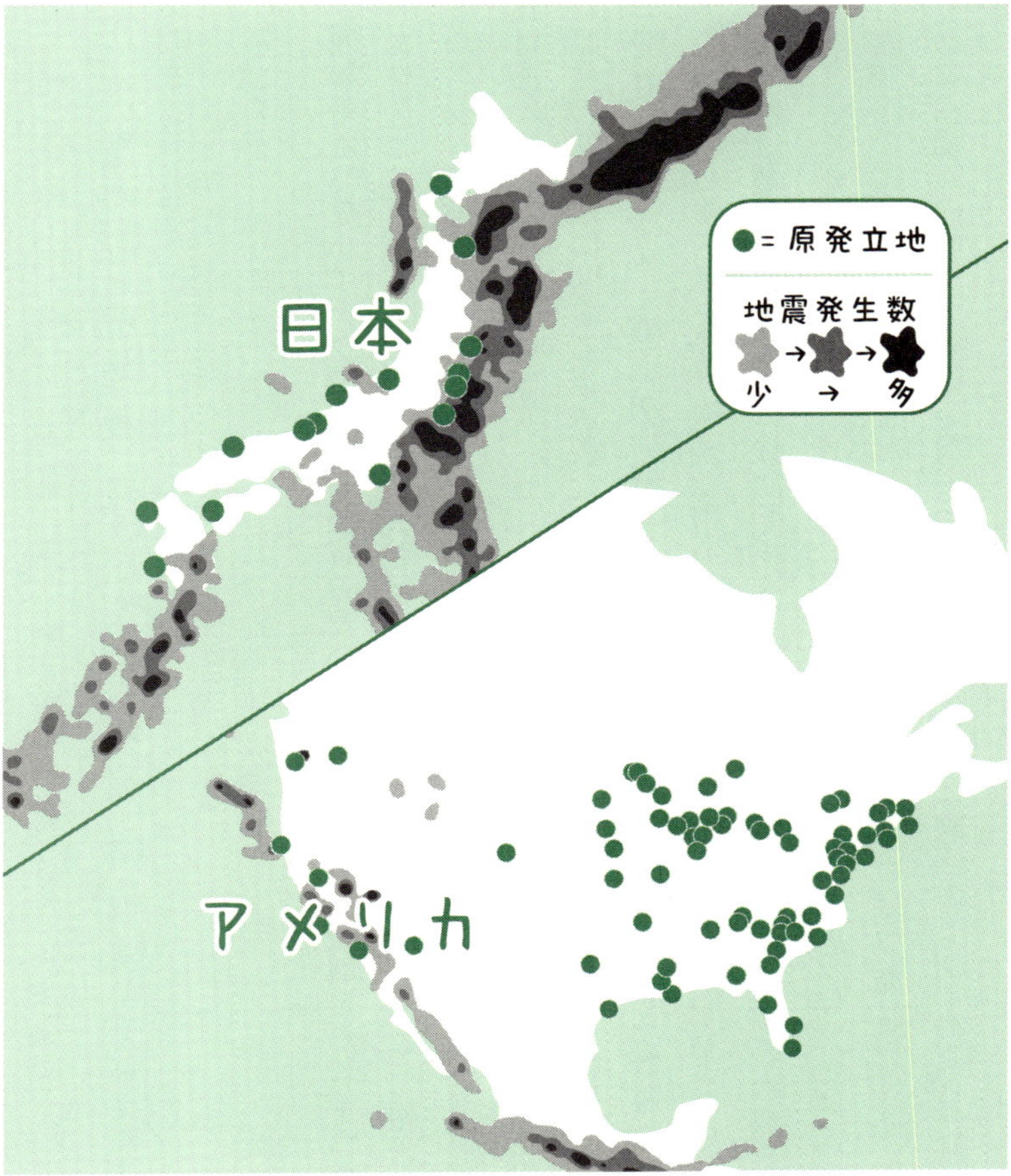

図にあるアメリカだけでなくヨーロッパなどにおいても、地震の発生頻度が高い地域に原発はほとんどありません。日本ほど地震と原発事故のリスクにさらされている国はほかにはないと言っていいでしょう。

Q8 原発の安全チェックは当然専門家がやっているんだよね？

A 残念ながら違います。安全チェックなど名ばかりです。

原発のようなハイテクで危険な装置の安全チェックは、当然「原発のプロ」がやっているのだろうと一般の人は思うでしょうが、現実はあまりにも違っています。

原発の安全性に関する報告書などは、原発の設計に携わるメーカーが作成しています。メーカーから報告書を受け取った電力会社は、表紙を付け替えて国の組織に提出します。当然のことながら、電力会社は報告書に記された危険性など理解していません。受け取る側である内閣府の原子力安全委員会の担当者はだいたい30歳前後の若手官僚で、専門知識が豊富なわけでもなく、報告書の「てにをは」を一字一句確認する程度が関の山です。

さらに驚くべきは、報告書の内容です。都合の悪い事実をごまかすために、たとえば、「使用済み核燃料を貯蔵する」は「～を柔軟に管理する」というように、あいまいな言葉に書き直します。この無意味な言葉遊びを、私は「霞が関文学」と呼んでいます。

見かけは立派に見える「原子力ムラ」は、実は映画のセットのように空虚だったのです。

■日米の原発規制機関の比較

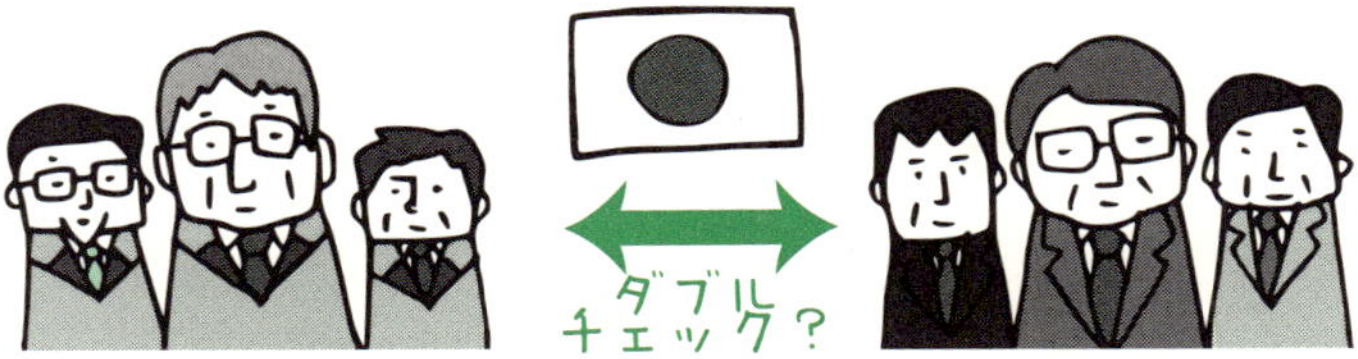

経済産業省
原子力安全・保安院

原発などの発電施設やエネルギー産業全般の
安全をつかさどる国の機関。

内閣府
原子力安全委員会

原子力の安全確保に関する
企画・審議・決定を行う機関。

★福島の事故を受けて、2012年4月に原子力規制庁（環境省）に改編予定

NRC
(Nuclear Regulatory
Commission)

米原子力規制委員会

アメリカ国内の原子力の規制
を行う独立機関。国民を放射線
から守ることを使命とする。

	米原子力規制委員会(NRC)	原子力安全・保安院	原子力安全委員会
政府からの独立度	高	低	低
自前の技術	高	低	低
人数	約3000人	約800人	約400人

アメリカの原子力規制委員会は、政府から独立し高い知識を持つ第三者機関である一方、日本の規制機関は省庁に属し、しかも知識的に必ずしも高くないことが福島の原発事故の処理で露呈してしまいました。

Q9 結局、原発を管理している省庁ってどこなの？

A 文部科学省と経済産業省ですが、両者の連携はまったく取れていません。

日本の原発は、経済産業省と文部科学省のどちらかが管轄することになっています。

経産省は、電力会社が持つ商用原発を管轄し、「原子力安全・保安院」（2012年4月より原子力規制庁に改編予定）が安全性を管理するという体制になっています。

文科省は、原子力の技術を研究・開発する「日本原子力研究開発機構」を有し、福井県敦賀《つるが》市の高速増殖炉《こうそくぞうしょくろ》「もんじゅ」といった研究用の原発を管轄しています。

そして両省の原発の安全を監視するのが、内閣府に属する原子力安全委員会ですが、事実上は、文科省管轄の原発を管理するのみ。原子力の安全をつかさどる組織でありながら、福島第一原発事故の際に彼らが前面に出てこなかったのは、文科省の管轄外だったからです。同省所属の放射線医学総合研究所も、被ばく者が出れば協力するといった程度の認識しか持っていません。

あれだけの事故を経ても、両省は協力体制にありません。省の利益を最優先する縦割り組織が、日本の原発を管理していたのです。

■原子力をつかさどる政府機関

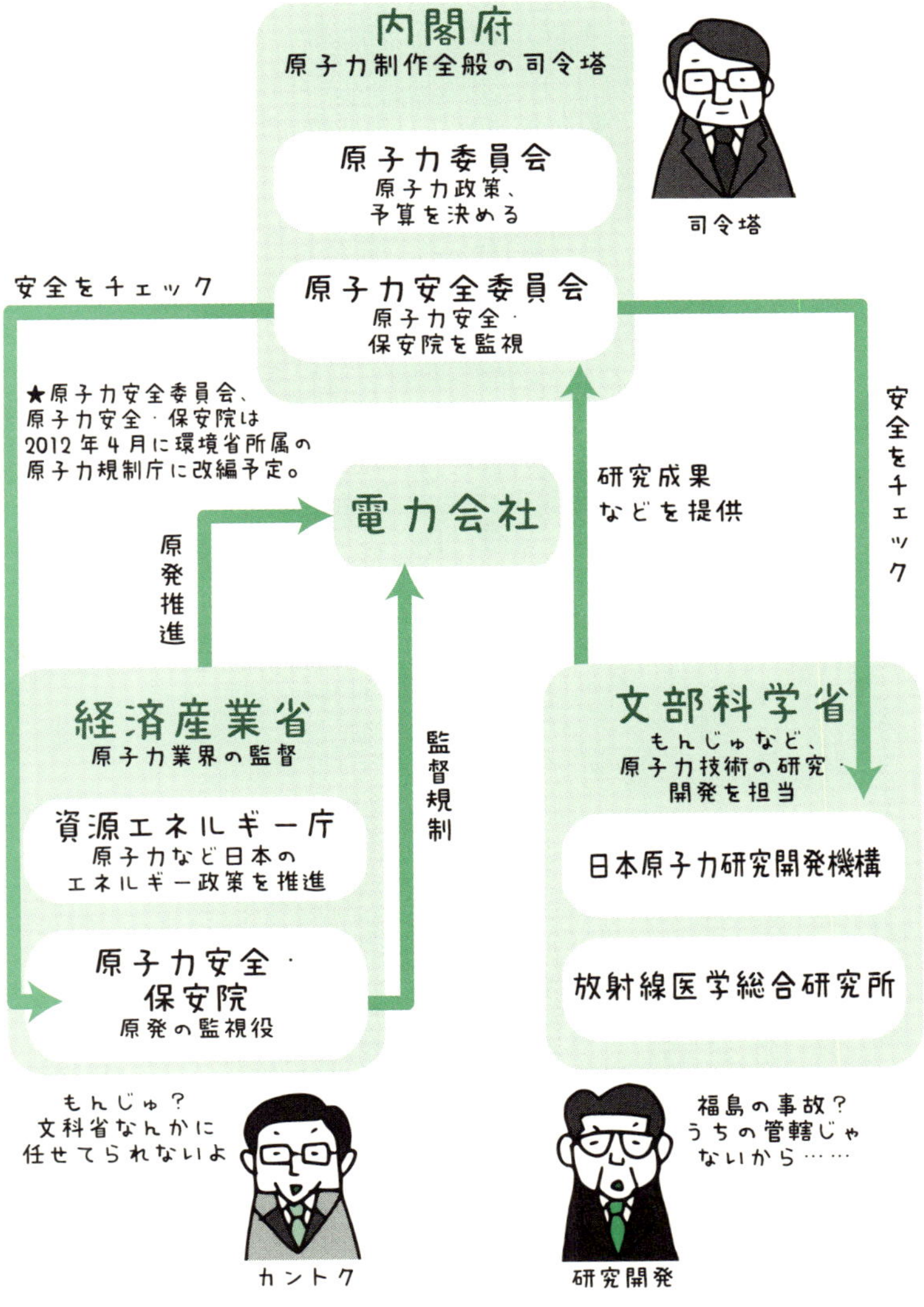
内閣府
原子力制作全般の司令塔
原子力委員会
原子力政策、
予算を決める
原子力安全委員会
原子力安全・
保安院を監視
司令塔
安全をチェック
★原子力安全委員会、
原子力安全・保安院は
2012年4月に環境省所属の
原子力規制庁に改編予定。
電力会社
原発推進
研究成果
などを提供
安全をチェック
経済産業省
原子力業界の監督
資源エネルギー庁
原子力など日本の
エネルギー政策を推進
原子力安全・
保安院
原発の監視役
監督規制
文部科学省
もんじゅなど、
原子力技術の研究・
開発を担当
日本原子力研究開発機構
放射線医学総合研究所
もんじゅ？
文科省なんかに
任せてられないよ
カントク
福島の事故？
うちの管轄じゃ
ないから……
研究開発

Q10 もし原発事故が起こって家に住めなくなったら、誰がどうしてくれるの？

A 電力会社が補償してくれることになっているのですが……。

もし、皆さんの家の近くにある原発が大事故を起こし、家を追われてしまったら、一体誰が補償してくれるかご存知でしょうか。日本の法律では、事故に対して無限責任を負うことになっている電力会社が賠償することになっていますが……。

原発は、事故があった時に備えて保険に入っています。日本の場合その金額は、１ヵ所あたり１２００億円。しかし、福島第一原発事故の場合、損害賠償はとうてい保険金だけでまかなえる額ではありません。

ドイツの試算を見てみましょう。仮にドイツ国内全17基の原発で最悪の事態が発生した場合、賠償額は６８０兆円に上るとされました。この額を保険でまかない10年で回収するとなると、１ヵ月の電気料金はなんと約30万円となってしまいます。

では、電力会社が賠償金を払いきれなかった場合はどうなるのでしょう？　答えは「国、つまり私たちの税金で支払う」というもの。このように、原発はいずれにせよ常に国民にツケを回す「不公平なギャンブル」なのです。

■世界の原子力損害賠償制度

	事業者責任 （責任額）	賠償 措置額	政府補償 限度額	免責事項
日本	無限	1200 億円	賠償措置額超過時は、必要と認める場合に援助	社会的動乱、異常に巨大な天災地変
韓国	有限 （3億SDR） （約380億円）	500 億ウォン （約35億円）	賠償措置額超過時は、必要と認める場合に援助	国家間の武力衝突、敵対行為、内乱又は反乱
アメリカ	有限 （措置額同額）	約125.94 億ドル （約9844億円）	責任限度額を超える場合、大統領が議会に補償計画を提出、議会が必要な行動をとる	戦争行為
ドイツ	無限	25億ユーロ （2701億円）	賠償措置により補填されない場合には、最大25億ユーロまで政府が補償	なし
イギリス	有限	1.4億 ポンド （約176億円）	賠償措置額超過時は、ブラッセル条約に基づく海外負担金を含めて3億SDR（約380億円）まで補償	武力紛争の過程における敵対行為
フランス	有限	6億フラン （約98億円）	賠償措置額超過時は、ブラッセル条約に基づく海外負担金を含めて3億SDR（約380億円）まで補償	戦闘行為、敵対行為、内戦、反乱、異常かつ巨大な自然災害
スイス	無限	11億 スイスフラン （約978億円）	賠償措置額超過時や事業者の措置が機能しない場合に11億スイスフランまで補償	被害者の故意重過失

出典：文部科学省、「原子力損害賠償制度の在り方に関する検討会第1次報告書」平成20年12月
日本原子力産業協会、「あなたに知ってもらいたい原賠制度 2010年版」平成22年10月
※SDR：国際通貨基金（IMF）の特別引出権 Special Drawing Right の略称

Q11 電力会社にとって原発のおトクさってどこにあるの？

A 動かせば動かすほど利益を生み出すところと、使い勝手のよさです。

電力会社にとっての原発とは「安定した金のなる木」といえるでしょう。

まず、経営面から見ていくと、原発は建設費用などの初期投資が高いので、長く使ってたくさん発電したほうが経済的です。

また、石油や石炭などに比べると燃料費は安く、出力が調整しにくいのが特徴なので、優先的に原発を使って電力供給の主役にしたほうが、電力会社にとって合理的です。

しかも電力会社は、かかったすべての費用に対して一定の割合で報酬を上乗せする「総《そう》括《かつ》原価《げんか》方式《ほうしき》」という料金体制をとっているため、高価な初期投資費用も回収できるのです。

使い勝手の面でいえば、１基で１５０万kWも発電できて一括管理ができる原発は、電力会社の考える「安定供給」には好都合です。

しかし、こうした考え方は時代遅れです。原発のような大規模集中型の電源がダメージを受けると、広範囲に影響が出ることが、福島第一原発事故で明らかになりました。これからは、風力や太陽光といった小規模分散型の発電方法に移行していくべきでしょう。

■絶対に電力会社がもうかる電気料金の仕組み

総括原価方式

発電コスト × 公正報酬率(3.05%) = 利潤

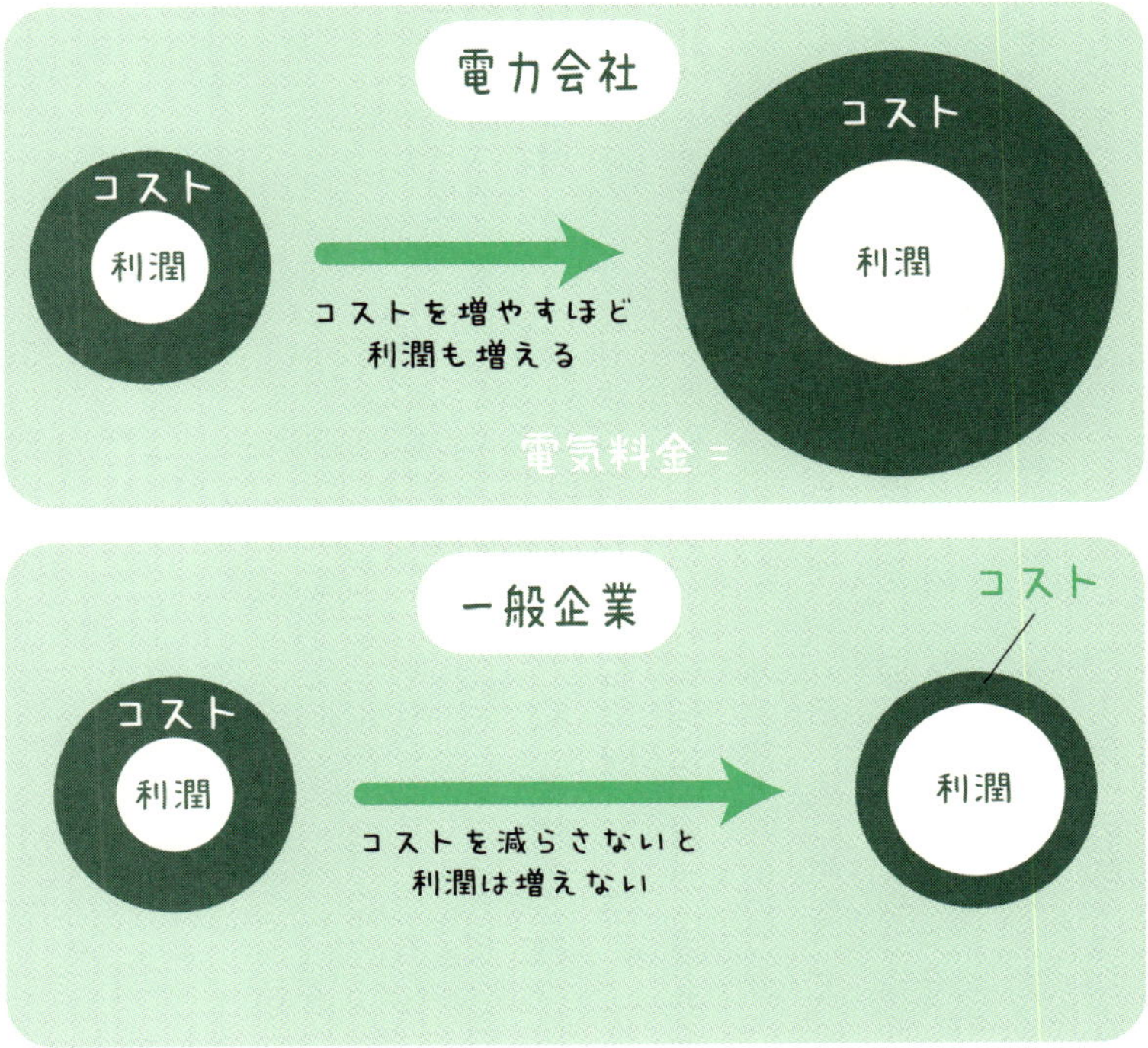
電力会社
コスト
利潤
コストを増やすほど
利潤も増える
コスト
利潤
電気料金＝
一般企業
コスト
利潤
コストを減らさないと
利潤は増えない
コスト
利潤

一般企業の場合コストを減らさないと利潤が出せませんが、電力会社は正反対。送配電費用、燃料代などかかったコストはすべて電気料金に上乗せできる総括原価方式をとっているため、コストをかければかけるほど電力会社は利益を生み出せるのです。

Q12 原発1基分の建設費用っていくらくらい？

A ４５００億円というモデルがありますが、建設費はどんどん高くなる一方です。

経済産業省が、出力１３５万kWの原子力発電所の建設費用を４５００億円とするモデルケースを出しています。

ところが近年、原発の建設費用はどんどん高くなる傾向にあります。フィンランドの原発の例を見てみると、当初は３５００億円の建設費を見込んでいたものが、さまざまな追加費用の発生で建設費は１兆５０００億円にまで膨れ上がってしまいました。

原因の一つには、原発の安全基準が世界的に年々厳しくなっていることが上げられます。それをクリアするために、最新の原発は事故に備えるさまざまな対策を施すようになりました。核燃料を覆う格納容器を大きくするのもその一つ。逆に、福島第一原発は、コストを抑えるために格納容器を小さくした結果、水素爆発を防げなかったのです。

この流れを受けて、世界の投資家たちは原発への投資を避ける傾向にあります。巨額の投資額を、長期間にわたって回収するのはリスクが高いからです。つまり、ビジネスの面でも原発の将来は明るいとは言えません。

■上がる一方の原発建設費用

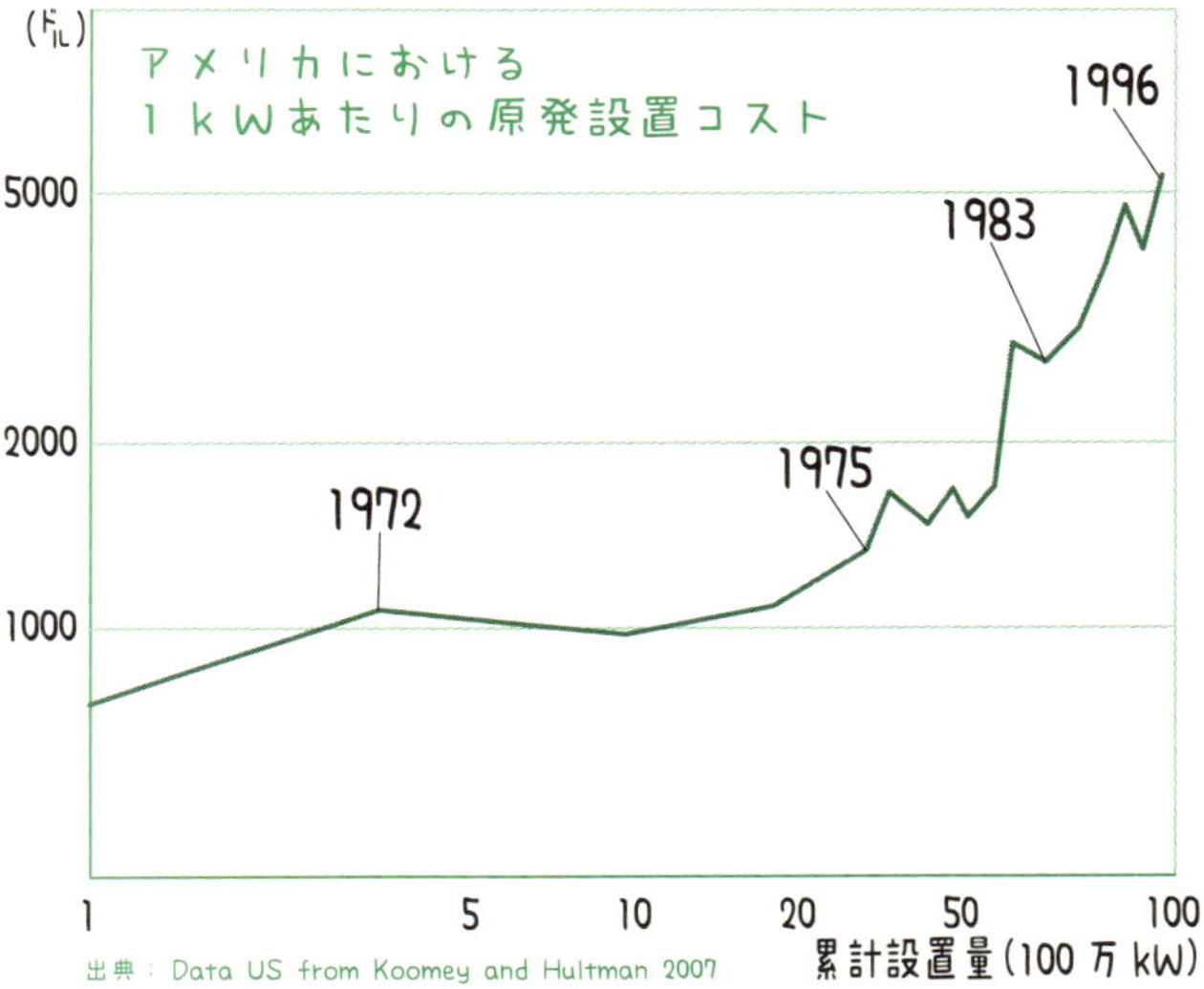
(ドル)
アメリカにおける
1kWあたりの原発設置コスト
5000
2000
1000
1972
1975
1983
1996
1
5
10
20
50
100
累計設置量(100万kW)

出典：Data US from Koomey and Hultman 2007

■フィンランドのオルキルオト3号機の建設費用

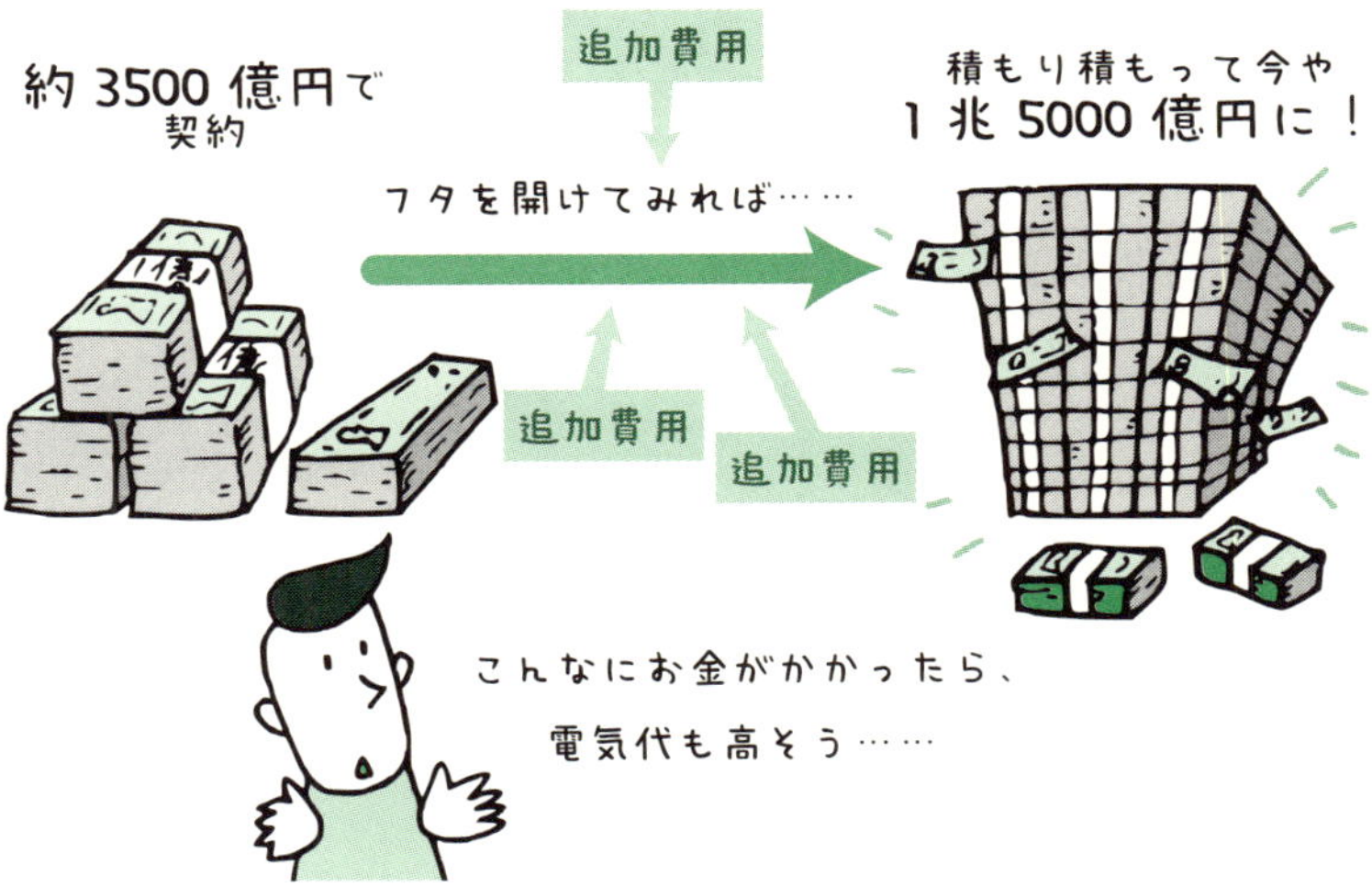
約3500億円で
契約
追加費用
フタを開けてみれば……
追加費用
追加費用
積もり積もって今や
1兆5000億円に！
こんなにお金がかかったら、
電気代も高そう……

Q13 日本にある原発は当然すべて日本製だよね？

A いいえ。初期の原発は、日本のメーカーがアメリカのメーカーにつくらせたものです。

実は、初期の日本の原子炉は、アメリカのウェスチングハウス社か、ゼネラル・エレクトリック（GE）社がつくったものです。

つまり、電力会社から注文を受けた東芝や日立製作所、三菱重工業といった日本の重電メーカーが、アメリカのメーカーに注文するという体制だったのです。しかもそれは、設備工事一式をまるまる委託してしまうというやり方でした。

その結果、設計の意味も理解されないまま部品などがつくられ、また電力会社もそれを把握せずに部品を使用してしまうという事態が起こってしまったのです。

こうした、丸投げ注文がもたらした最大の悲劇が福島第一原発事故でしょう。

福島第一原発に使われているGE社製マークI型原子炉は、アメリカでは構造上の安全性が問題視され、議論の的となっていました。しかしそのような話は、日本には届いてすらいなかったのです。

そんな、ずさんな丸投げ体制は今も変わっていないのです。

■世界のGE社製マークI型原子炉の立地

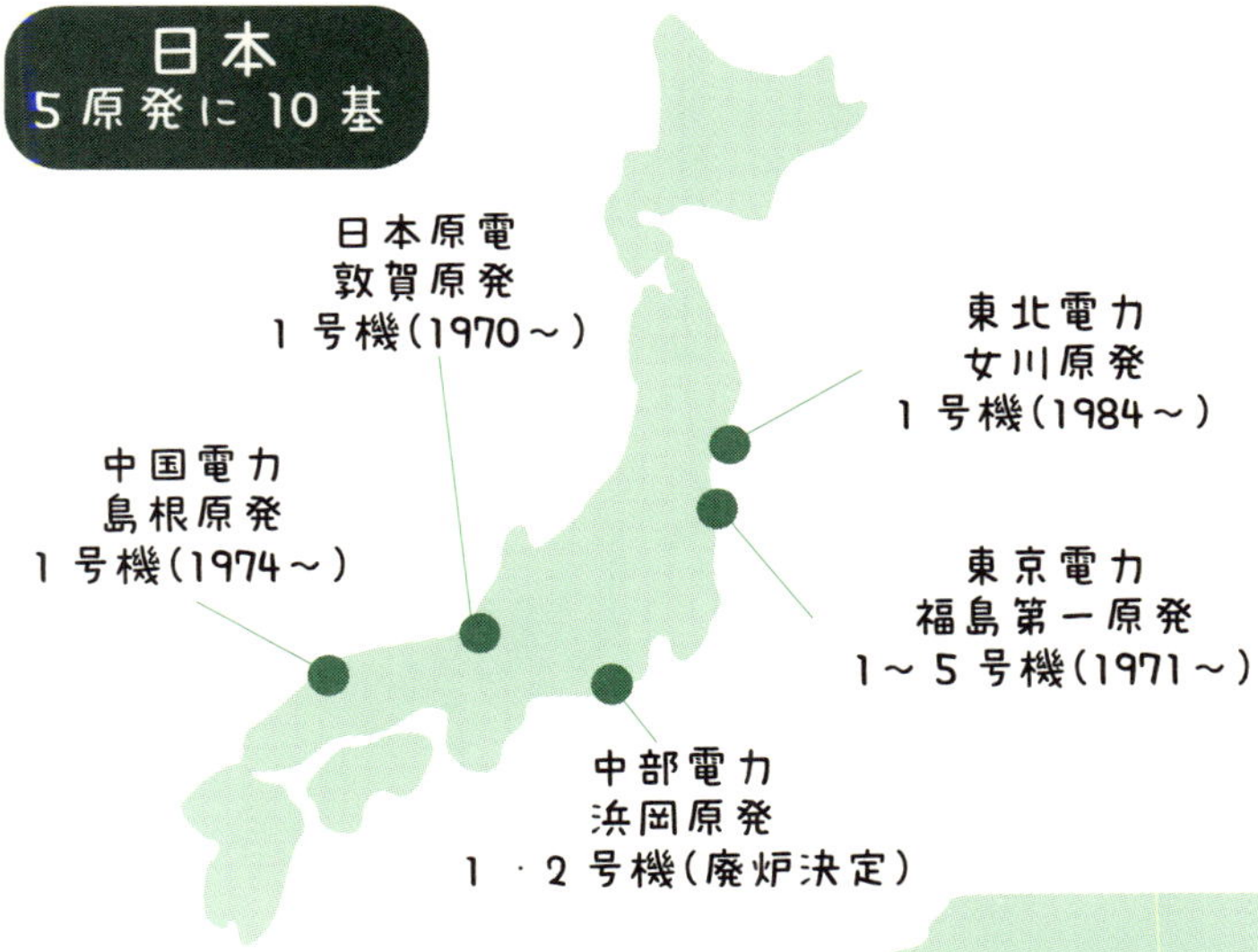
日本
5原発に10基
日本原電
敦賀原発
1号機(1970～)
東北電力
女川原発
1号機(1984～)
中国電力
島根原発
1号機(1974～)
東京電力
福島第一原発
1～5号機(1971～)
中部電力
浜岡原発
1・2号機(廃炉決定)

アメリカ、ヨーロッパにもマークI型原子炉はあります。ただし、立地としては地震がまったく起きない場所。それが日本の立地との大きな違いです。

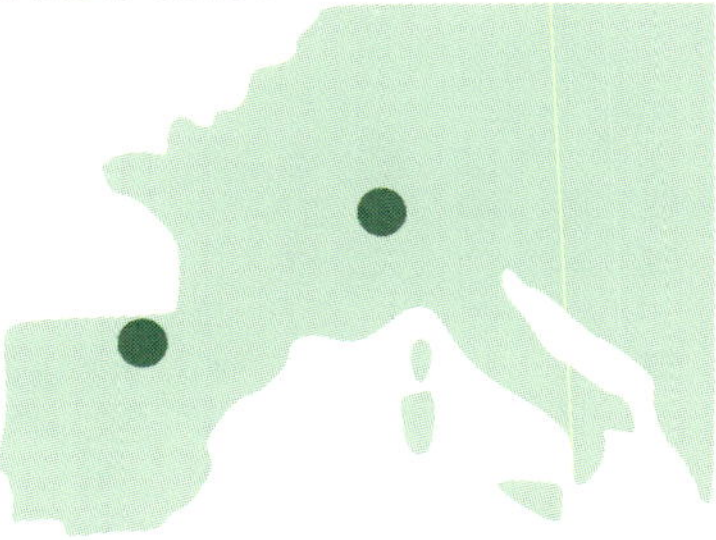
ヨーロッパ
2原発に2基

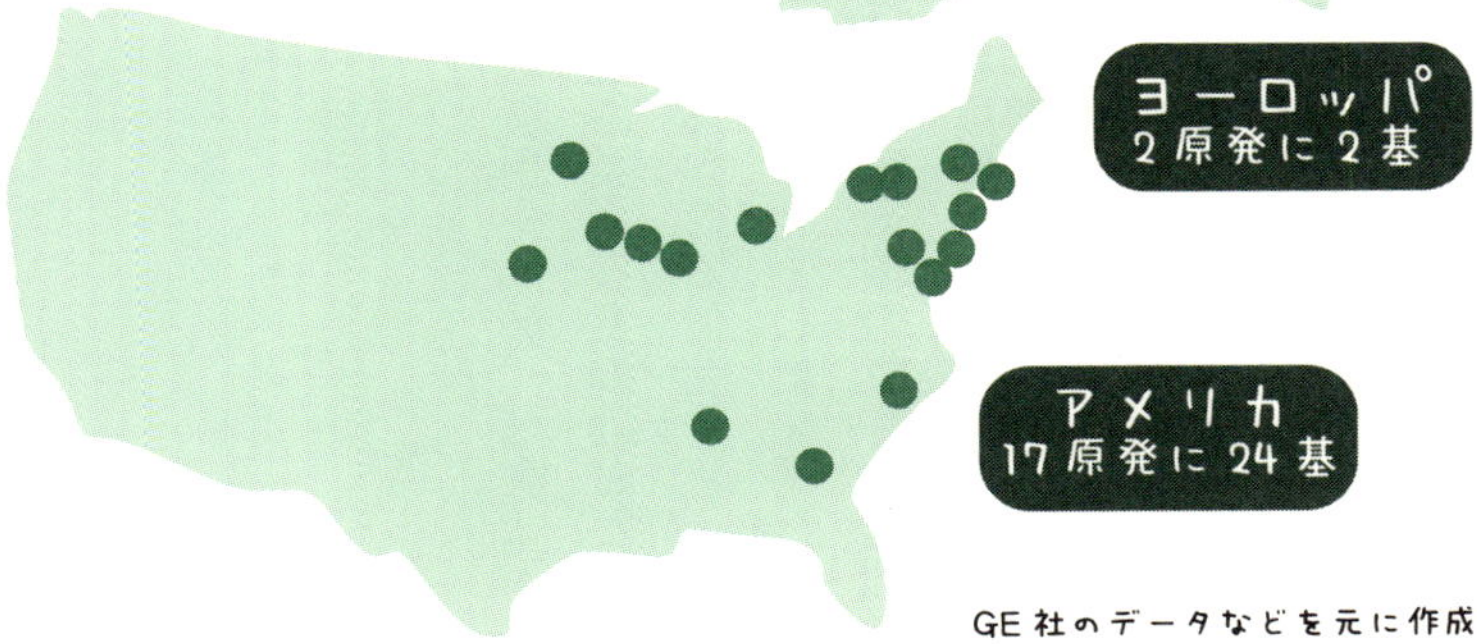
アメリカ
17原発に24基

GE社のデータなどを元に作成

Q14 原発はほかの発電方法と比べて安上がりなんでしょ？

A そんなことはありません。安いと思われているのには理由があります。

１９６０年代、原発は「Too cheap to meter（安すぎて計ることができない）」夢のエネルギーだと言われていました。日本では今でも原発の発電コストが安いと思っている人が多いようですが、果たしてどうでしょう？

経済産業省は、原発の発電コストを１kWhあたり５~６円と計算しています。左ページのグラフでほかの発電方法と比較すると、たしかに安上がりに思えます。

しかし、実際、原発には想像以上にさまざまなコストがかかるのです。

たとえば、送配電費用や津波、地震に対する安全対策費など目に見えるものはもとより、電力会社による自治体への寄付金や宣伝広告費など、隠れたコストが発生します。

もちろん来るべき廃炉や核のゴミの処理費用も含まれます。さらに、税金でまかなわれる立地交付金や研究開発費などさまざまな発電コストを、ある時は電気料金、またある時は税金として知らぬ間に払っているのです。

原発がコスト安とは上辺だけのこと。その実態は、コスト高の要素が満載なのです。

■私たちが原子力発電に払っている金額は？

各エネルギー源の発電コスト

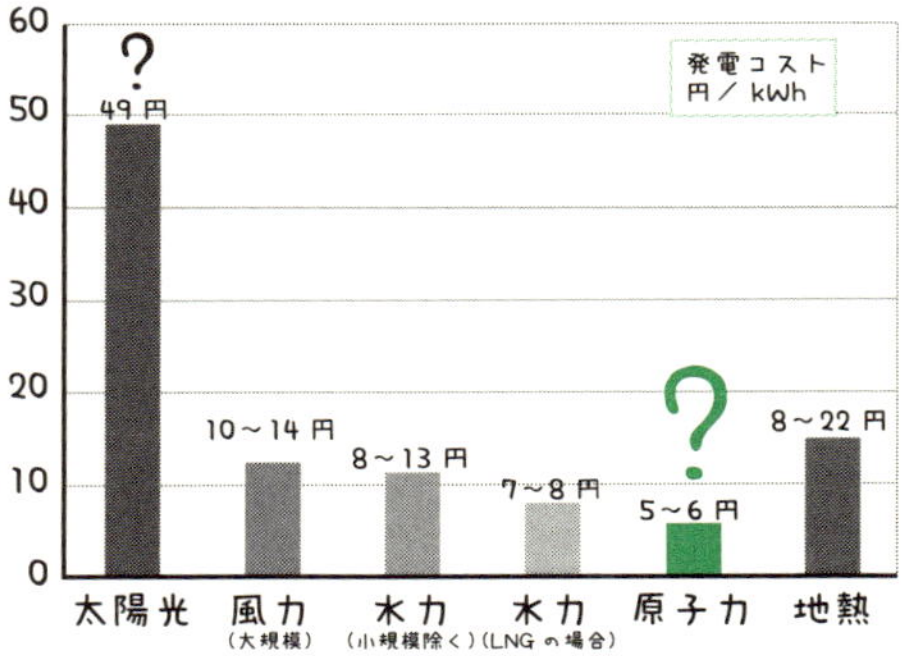
60
50
40
30
20
10
0
発電コスト
円／kWh
?
49円
10～14円
8～13円
7～8円
?
5～6円
8～22円
太陽光
風力
(大規模)
水力
(小規模除く)
水力
(LNGの場合)
原子力
地熱

出典：資源エネルギー庁『エネルギー白書 2010』

実は、私たちが原子力発電の電力に支払っている料金は、国が言う 1kWh あたり 5～6 円よりももっと高くついています。原子力発電の電気料金には、燃料費などの基本的な経費のほかに、広告宣伝費や自治体への寄付金なども含まれるからです。一方、太陽光発電のコストは現在はもっと安価になっています。

燃料費
＋
建設費
＋
運転維持費など

＋

広告宣伝・営業費
自治体への寄付金
公的資金など

＝

私たちが
原子力発電の
電力に
支払っている
金額

Q15 使い終わった核燃料は再利用できるって聞いたけど……

A それは大きな間違いです。

国や電力会社は、「使い終わった核燃料は、再処理することでリサイクルできる」と言っていますが、大きなウソです。技術的には不可能ではありませんが、実用化はほぼ不可能。

本来目指していた核燃料のリサイクルとは、高速増殖炉という特殊な原子炉を使って再処理した使用済み核燃料を燃やし、核燃料を何千倍にも増やすというものでした。

この技術は難しいうえにコストも高く、危険度も高いため、先進国は早々に研究から撤退しています。唯一、日本はあきらめていませんが、実用化は絶望的です。

一方、国や電力会社が力を入れるもう一つのリサイクルが、「プルサーマル」です。これは、高速増殖炉で使い切れなかった核燃焼を一般的な原子炉で使うという技術ですが、コストは高いうえに、危険な核のゴミも増やしてしまうという、問題の多い技術です。

なお、プルサーマルの燃料の一部であるプルトニウムは、核兵器に転用しやすいことが特徴です。安全保障の観点からも、プルサーマルは行うべきではありません。

■実用化のメドが立たない核燃料サイクル

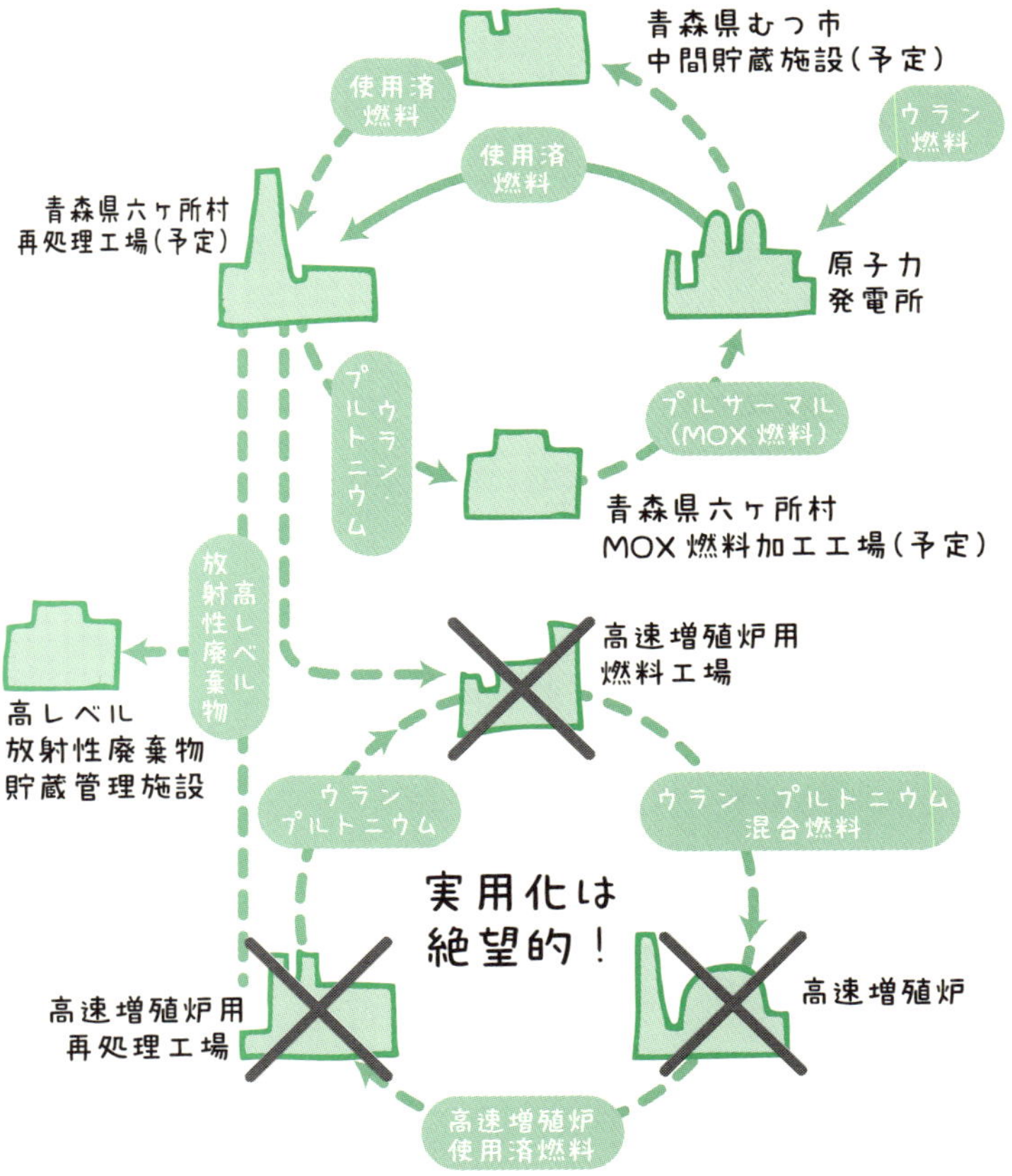
青森県むつ市
中間貯蔵施設（予定）
使用済燃料
ウラン燃料
使用済燃料
青森県六ヶ所村
再処理工場（予定）
原子力
発電所
ウラン・
プルトニウム
プルサーマル
（MOX燃料）
青森県六ヶ所村
MOX燃料加工工場（予定）
高レベル
放射性廃棄物
高レベル
放射性廃棄物
貯蔵管理施設
高速増殖炉用
燃料工場
ウラン
プルトニウム
ウラン・プルトニウム
混合燃料
実用化は
絶望的！
高速増殖炉用
再処理工場
高速増殖炉
高速増殖炉
使用済燃料

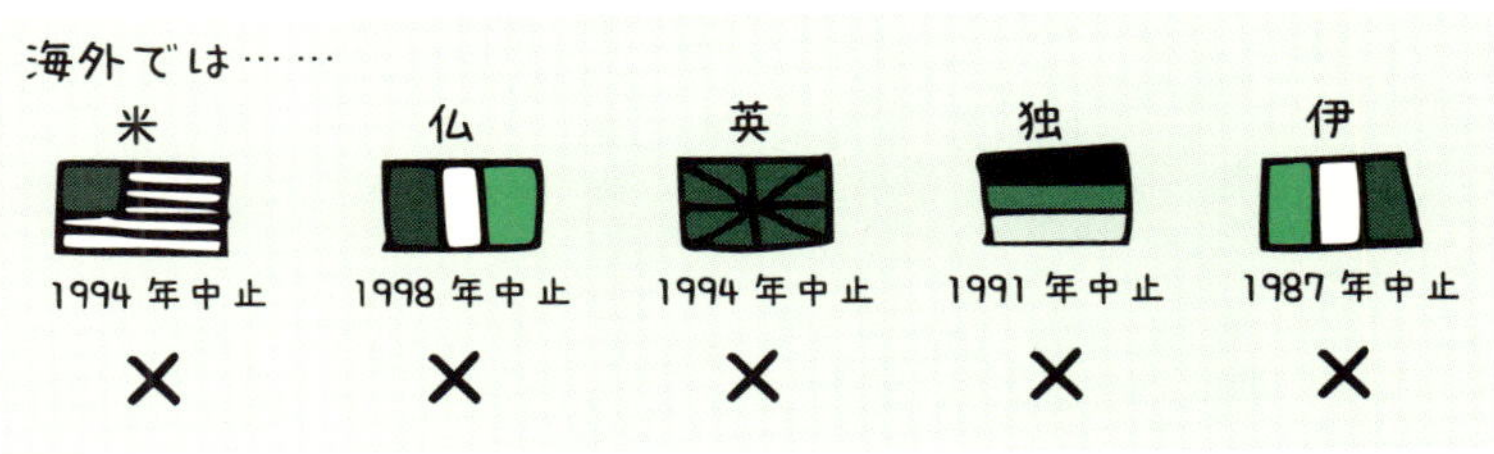
海外では……
米
1994年中止
×
仏
1998年中止
×
英
1994年中止
×
独
1991年中止
×
伊
1987年中止
×

Q16 原発の寿命ってどれくらい？

A 世界の原発の平均寿命は22年。日本では老朽化が進んでいます。

原子力ムラには「原発は１００年もつ」などと言い放つ人もいますが、当初の設計では原発の耐用年数は30年とされています。さらに、世界的な平均寿命は22年という実状です。

日本では、原発の寿命について規則は設けられていませんでしたが、２０１２年1月に、40年運転制限が閣議決定されました。

今、日本で運転から40年を超える原発は、事故を起こした福島第一原発1号機のほかに、敦賀原発1号機、美浜原発1号機（ともに福井県）があります。

日本の原発は老朽化が進んでいました。40年をメドに廃炉《はいろ》していくと、今後急激に数は減っていきます。これで原発のない社会に一歩近づいたと言ってもいいでしょう。

ただし、この規則では、最初から例外的な運転の延長を認めています。この規則を形だけのものにしないためにも、廃炉の基準は厳しく設定していくべきです。

さらに安全基準を厳しくし、市場の論理や民主主義の力を利用すれば、原発のない社会はいっそう早く実現するでしょう。

■世界の原発の寿命

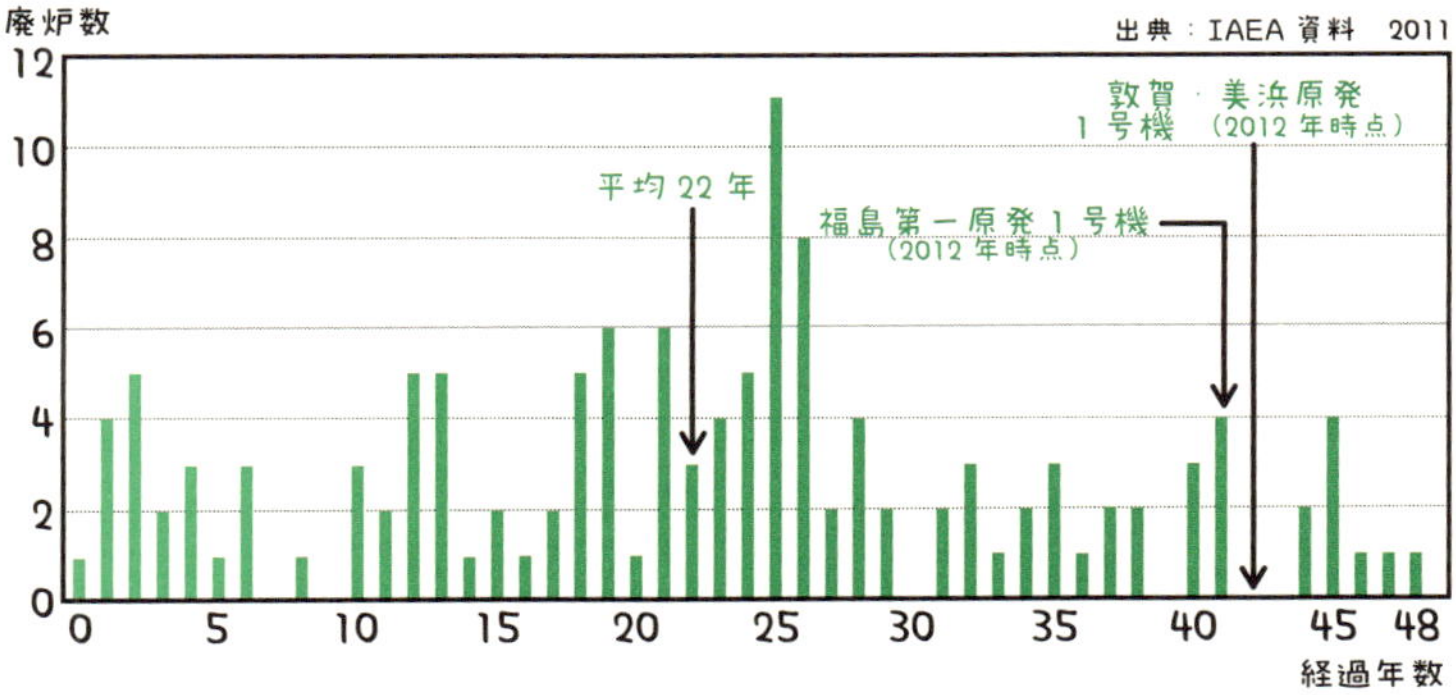
廃炉数
出典：IAEA資料　2011
敦賀・美浜原発
1号機（2012年時点）
平均22年
福島第一原発1号機
（2012年時点）
12
10
8
6
4
2
0
0
5
10
15
20
25
30
35
40
45
48
経過年数

■日本の原発の未来予想グラフ

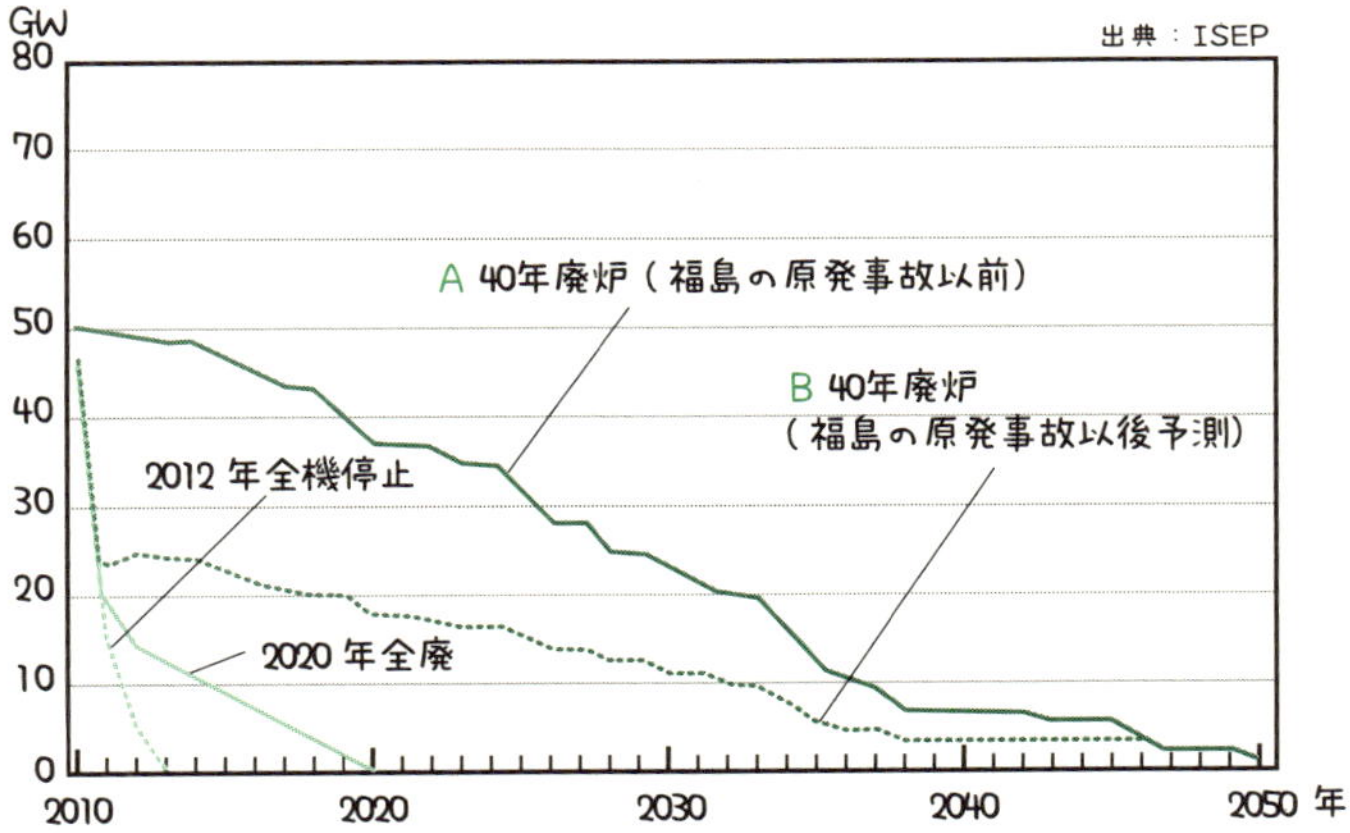
GW
出典：ISEP
80
70
60
50
40
30
20
10
0
A 40年廃炉（福島の原発事故以前）
B 40年廃炉
（福島の原発事故以後予測）
2012年全機停止
2020年全廃
2010
2020
2030
2040
2050年

折れ線グラフのAは、福島の原発事故前の予想です。原発事故が起きなかったとしても、40年廃炉の原則にのっとれば、年々原発の数は減っていきます。一方、Bは福島第一・第二をはじめとする震災の影響を受けた原発と危険な浜岡原発の即時廃炉を前提としたグラフ。そのほかの原発を40年で廃炉していくと、2020年の設備容量は2010年の1/3ほどに。国民の意志次第では全原発の即時停止、または2020年にすべてを廃炉という選択肢もあります。

Q17 仮に事故対策が万全ならば、原発を使用しても問題ないのでは？

A とんでもない。原発を動かし続ける限り、核のゴミという大問題が発生し続けます。

原発の決定的な問題点は、核のゴミの行き場がないことです。日本では、種類によって次のように処理することになっています。

まず、原子力施設の運転や点検にともなって発生する汚染されたコンクリートや金属、作業服といった消耗品などの「低レベル放射性廃棄物」。これらは青森県の六ケ《ろっか》所《しょ》村の「低レベル放射性廃棄物埋設センター」に送られ何十年、何百年と管理されることになっていますが、施設の収容量にも限りがあります。

そして、最悪の核のゴミが使用済み核燃料です。

日本の場合、まずウランとプルトニウムを取り出す再処理をしてからガラス固化します。それを地中深く埋め、何千年、何十万年と人類から隔離することになっていますが、かんじんの受け入れ先すら決まっていません。

かつてはこうした行き場のない核のゴミを、海に捨ててしまうこともありました。たとえ、運よく事故が起こらなくても、核のゴミは半永久的に残り、未来の世代にまで影響を及ぼし続けるのです。

■放射性核廃棄物の海洋投棄マップ

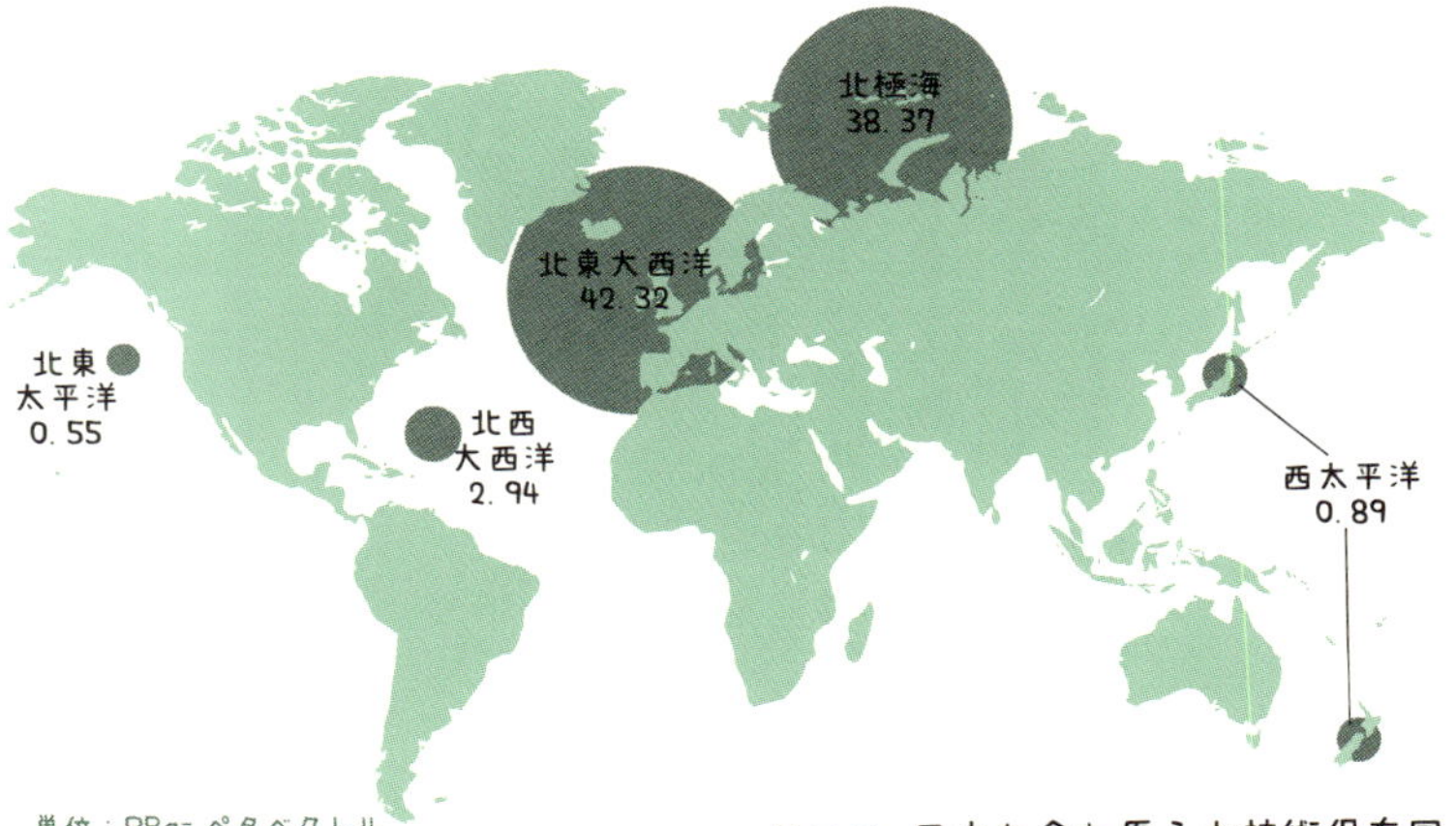

北極海
38.37
北東大西洋
42.32
北東
太平洋
0.55
北西
大西洋
2.94
西太平洋
0.89

単位：PBq=ペタベクレル
（ペタ＝10の15乗）

かつて、日本を含む原子力技術保有国は、放射性廃棄物を陸で管理せずに海洋投棄していたこともありました。1993年のロンドン条約改定により海洋投棄は禁止されますが、ロシアは条約改定を承認していません。

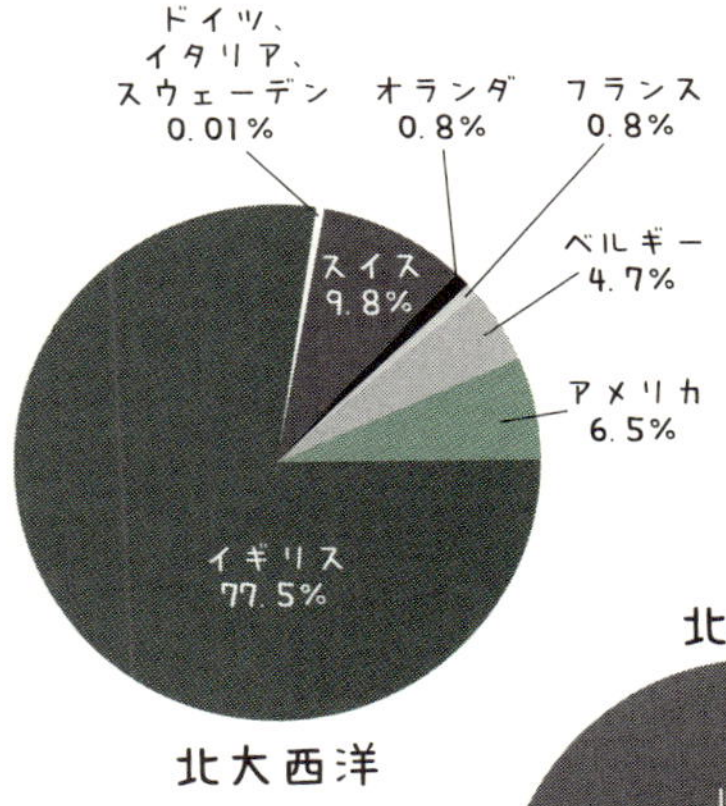

ドイツ、
イタリア、
スウェーデン
0.01%
オランダ
0.8%
フランス
0.8%
スイス
9.8%
ベルギー
4.7%
アメリカ
6.5%
イギリス
77.5%
北大西洋

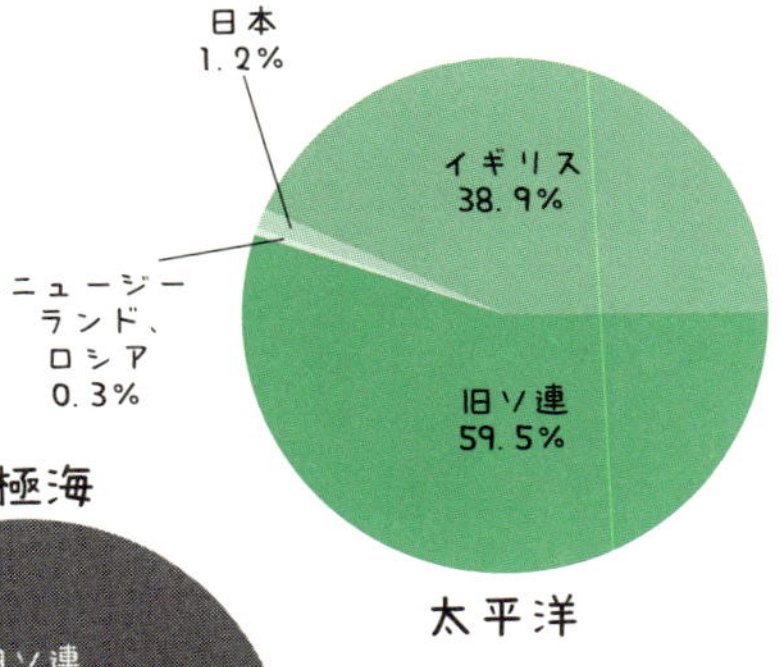

日本
1.2%
イギリス
38.9%
ニュージーランド、
ロシア
0.3%
旧ソ連
59.5%
太平洋

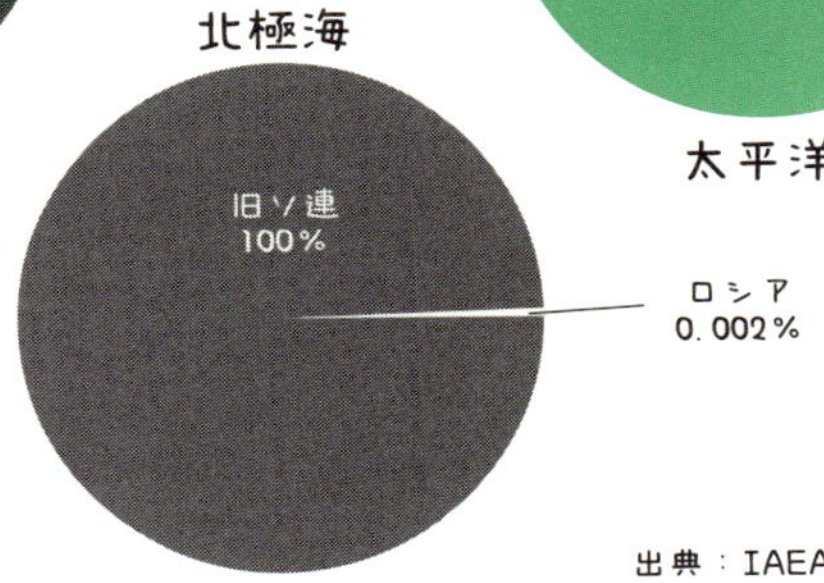

北極海
旧ソ連
100%
ロシア
0.002%

出典：IAEA資料(1999)

Q18 原発を止めさえすれば問題はすべて解決するんでしょ？

A いいえ、廃炉や、やはり核のゴミをどう処理するかという大問題が残ります。

原発を止めたら止めたで、今度は廃炉という作業が待っています。廃炉には数十年の時間がかかり、低レベルとはいえ核のゴミが発生します。

さらに大きな問題は、核燃料を燃やした後に数十万年もの間、地球に残り続ける使用済み核燃料をどうするかということ。原発が稼働できる期間はせいぜい40年です。その短い期間のツケを数十万年先の子孫にまで払わせるという、想像を絶するめちゃくちゃなことを私たちはやっているわけです。

ところが、科学者のなかには、「使用済み核燃料の処理は技術的には簡単ですよ」と言う人もいます。もちろん技術的に可能なことは理解できますが、では現実問題として、どの地域を、数十万年先まで残る核のゴミ捨て場にするのでしょう？

原発を使い続けていく限り、こうした核のゴミは増える一方です。これ以上、未来への負担を重くしないためにも、原発の再稼働にではなく、こうした深刻な問題にこそ一人ひとりが知恵を絞るべきではないでしょうか。

■世界各国の核のゴミの処分状況

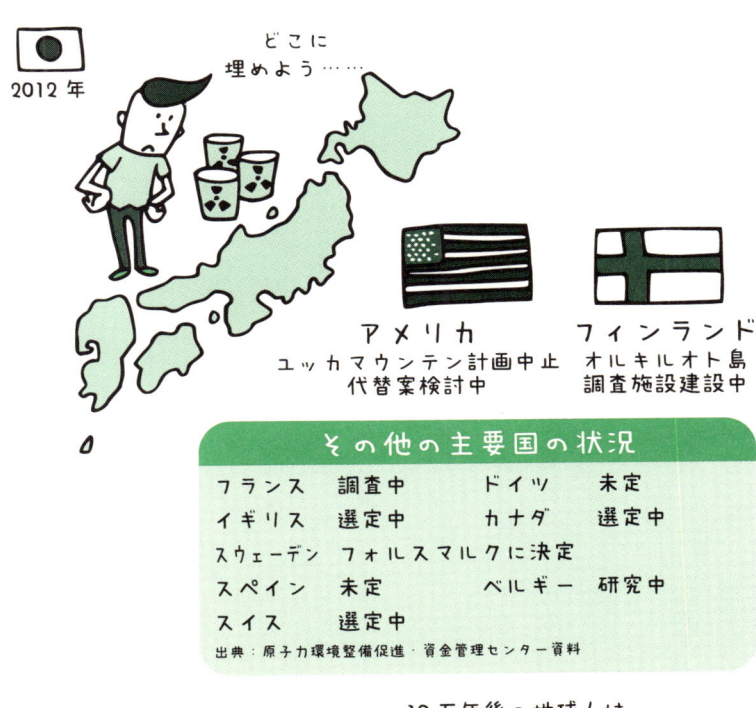

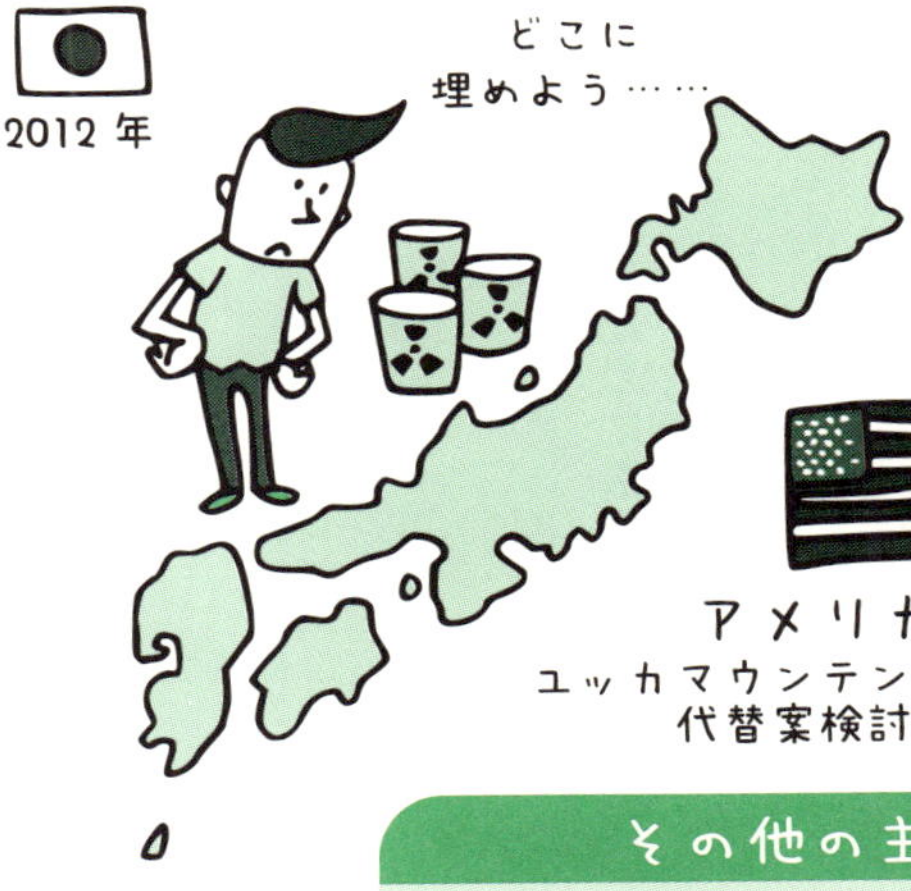
2012年
どこに埋めよう……

アメリカ
ユッカマウンテン計画中止
代替案検討中

フィンランド
オルキルオト島
調査施設建設中

その他の主要国の状況

フランス	調査中	ドイツ	未定
イギリス	選定中	カナダ	選定中
スウェーデン	フォルスマルクに決定		
スペイン	未定	ベルギー	研究中
スイス	選定中		

出典：原子力環境整備促進・資金管理センター資料

10万年後の地球人は
核のゴミに気づかないかも？

400
m
キケン
近寄らないで
AD 102,012年

Q19 原発を全部やめちゃったら、原発の専門家がいなくなっちゃうんじゃない？

A そもそも日本には「原発の専門家」はいません。

よく言われるのが、原発をなくしたらその維持・管理のために蓄積されてきた技術も失われてしまうのではということ。ところが、そんなことはまったくありません。

確かに、原発の建設や維持に携わっている人は、大学の理系学部出身者が多くいます。ところが、たとえば、原子炉の設計に携わっている人のなかには、大学時代、機械工学や化学など、原子力以外の分野を専攻していた人も大勢いるわけです。

また、原発を廃炉するにも、コンクリートの知識など、原子力以外の知識も必要になってくるのはいうまでもありません。実際、現場では各分野の専門家が集まって作業にあたっています。

さらには、そういった知識は原子力工学科でなくとも、物理学科などでも学べますし、放射線に関しては、医学部出身者こそ専門家といえるでしょう。

このように、原発がなくなるとその知識も途絶えるなどということは、まったくの見当はずれな考え方だといわざるを得ません。

■重電メーカー原子力部門の担当分野と専攻例

専攻	担当分野
機械系 機械工学科など	改良保全工事／電力システム機器関連技術／生産システム関連技術など
電気・情報系 電気電子 情報工学科など	通信機器／監視・警報システムの開発／計算システムの開発など
化学系 化学科など	人材やサービスの調達／原子力関連機器の発注など
物理系 物理学科など	電力系統／原子力関連機器の製造／検査・評価技術など
金属・材料系 金属・材料工学科 など	原発の技術開発／遮断・絶縁技術の開発など

上の図にあるように、原発に携わる人の専攻はさまざまですが、文字通り「原発の専門家」はいません。原発には多種多様な知識・技術が複雑に反映されているのです。

Q20 事故が起きてもなお原発を維持したがっているのは誰なの？

A 私が「原子力ムラ」と名付けた利権集団の人びとです。

あれほどの事故が起きてもなお、「原子力ムラ」の人びとは、原発を維持しようと考えています。

原子力ムラとは、原発の利益によってつながれた、行政機関、電力会社、大学などの研究機関の人びとのことです。

彼らが原発を維持したがる理由には当然、「原発のもたらす利益」が挙げられます。

しかし、彼らが原発のさまざまなマイナス面から目をそむけ、およそ半世紀にわたって原発推進に突き進んできた理由は、本当にそれだけなのでしょうか。

私なりの解釈では、理由は3つあります。

まず、彼らのなかには、原子力が必要だと心の底から信じている人がいるということ。

次に、たとえ国の原子力政策に疑問をもった官僚がいたとしても、2年という短い任期では国策を止めようがないこと。

そして本来、それを正すべき政治家たちに知性が足りないこと――こうした理由が絡み合い、原子力政策は自動操縦のジャンボジェット機のように突き進んできたのです。

■「原子カムラ」の構図

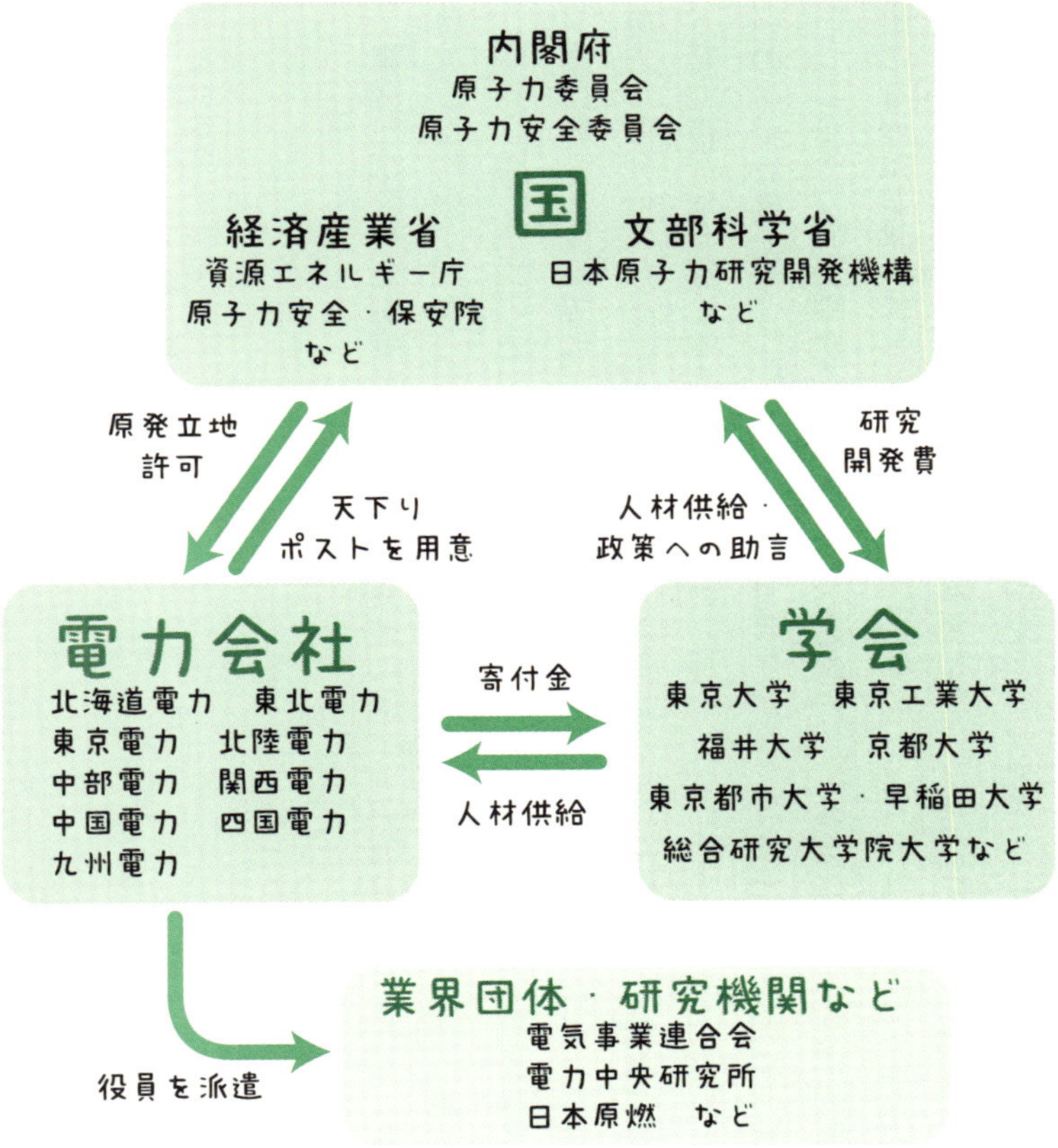

内閣府
原子力委員会
原子力安全委員会
国
経済産業省
資源エネルギー庁
原子力安全・保安院
など
文部科学省
日本原子力研究開発機構
など
原発立地
許可
天下り
ポストを用意
人材供給・
政策への助言
研究
開発費
電力会社
北海道電力　東北電力
東京電力　北陸電力
中部電力　関西電力
中国電力　四国電力
九州電力
寄付金
人材供給
学会
東京大学　東京工業大学
福井大学　京都大学
東京都市大学・早稲田大学
総合研究大学院大学など
役員を派遣
業界団体・研究機関など
電気事業連合会
電力中央研究所
日本原燃　など

「原子カムラ」の住人たちは、お金、権限、ポストなどを通じてみんなでもたれ合っています。なかでも、トップに居座るのが東京大学の原子力工学科を出た人たち。ただし、大学全体で見ると原子力関係の学科は減っており、学生の数も急減しているのが現状です。

Q21 今、原発が建っている地域はそもそもなぜ原発を誘致したの？

A 原発を誘致することによって国からお金がもらえるからですが……。

電源三法交付金制度により、原発立地には莫大な交付金が国からもたらされます。しかし原発立地の住民の思いは複雑です。

山口県の上関《かみのせき》町では、1980年代に中国電力が原発の建設を計画しました。上関町は、工業地帯が横一線に並ぶ山口県の瀬戸内海沿いの中でも南に突き出た場所にありますが、いつしかその発展軸から取り残され、過疎の町となってしまいました。ですから上関町の住民が、「自分たちが生き残るには原発しかない」と誘致に踏み切ったのは、やむをえない部分があるかもしれません。

当初から住民の間では建設の是非をめぐって賛否両論が渦巻いており、今もなお、激しい対立が続いています。とくに、建設予定地の対岸にある祝島《いわいしま》では反対派が圧倒的多数を占めています。島民にとってみれば、原発建設にともなう環境の変化は、生活の糧《かて》である漁業にとって死活問題です。

原発が社会にもたらす最大の弊害、それは誘致をめぐり地域住民が分裂し、やがてコミュニティをも破壊してしまうことなのです。

■原発を誘致すると交付金はいくらもらえる？

出力135万kW、建設費4500億円、建設期間7年間の原発誘致から運転開始まで10年間の財源効果の試算

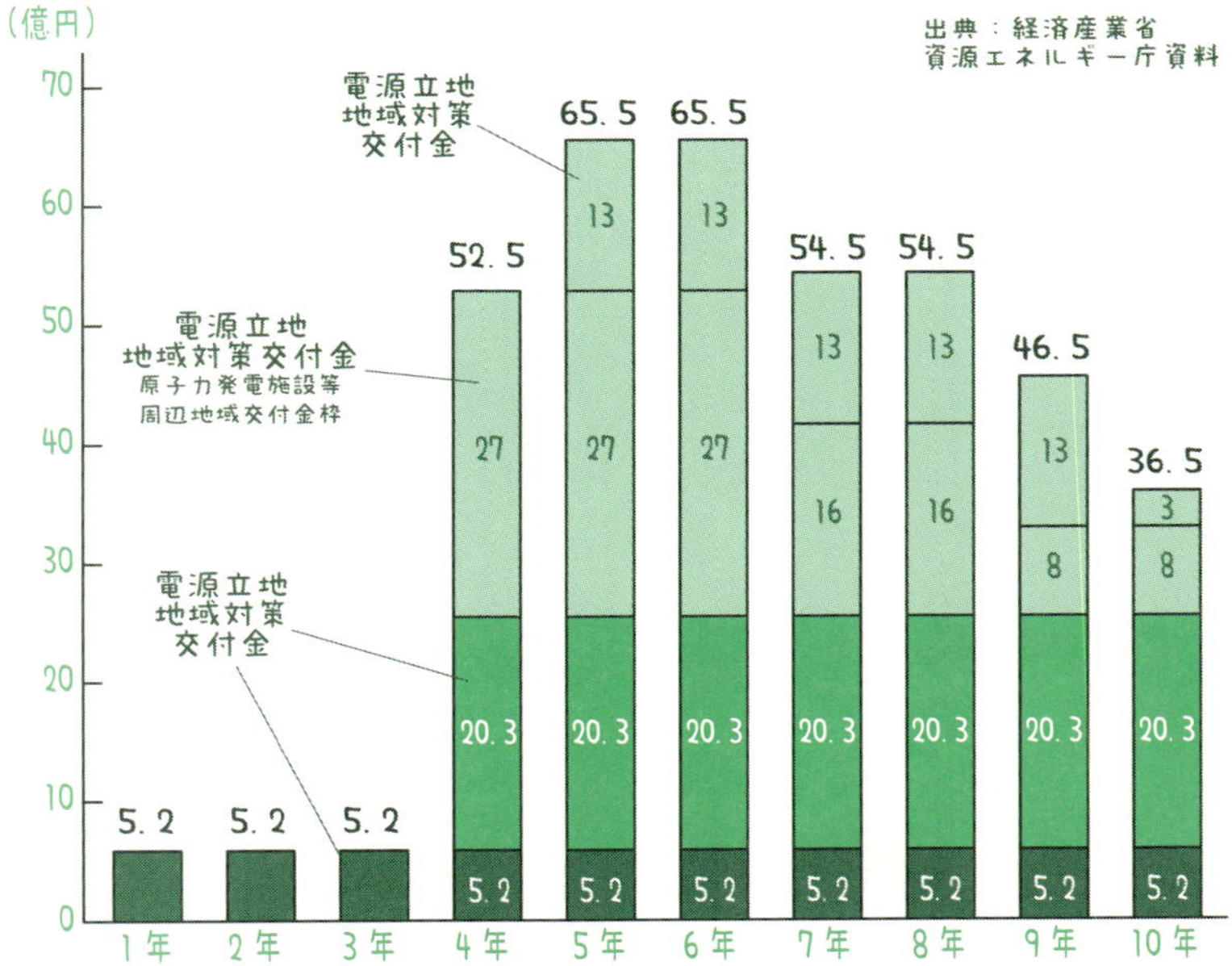

(億円)
出典：経済産業省
資源エネルギー庁資料
70
60
50
40
30
20
10
0
電源立地
地域対策
交付金
電源立地
地域対策交付金
原子力発電施設等
周辺地域交付金枠
電源立地
地域対策
交付金
5.2
5.2
5.2
52.5
27
20.3
5.2
65.5
13
27
20.3
5.2
65.5
13
27
20.3
5.2
54.5
13
16
20.3
5.2
54.5
13
16
20.3
5.2
46.5
13
8
20.3
5.2
36.5
3
8
20.3
5.2
1年
2年
3年
4年
5年
6年
7年
8年
9年
10年

運転開始まで10年間の交付金の合計

約391億円

「電源三法交付金制度」により、原子力、火力、水力、地熱発電所を誘致した地域には交付金が国から支給されます。とりわけ、原子力についてはほかの3つの電源にはない「原子力発電施設等周辺地域交付金枠」などがあり、優遇されています。

Q22 原発がある地域はどこも財政的に豊かなんでしょ？

A いいえ、必ずしも豊かだとは限りません。

原発を受け入れる地域には、電源三法交付金制度による莫大なお金が国から降りてきます。しかし、原発立地の自治体は、必ずしも財政的に豊かなわけではありません。

福島第一・第二原発のある双葉《ふたば》町では、町長の給料が支払えなくなるほど、財政は苦しくなっていました。

なぜ、計10基もの原子炉をかかえる町がお金に困ってしまうのでしょう。

理由は、原発を誘致した結果、町の主要な産業が農業から建設業に移行したこと、国からもたらされる交付金は、使い道が公共施設や公共工事などに限られていたこと（2003年から使途は拡大）などが考えられます。また、つくってしまった公共施設の維持費も財政を圧迫しました。

こうして、財政が悪化すると、交付金をあてに新たな原子炉の設置を受け入れるという悪循環が出来上がってしまうのです。

交付金に頼る発想から抜け出すには、地域で仕事を生み、お金を回していくシステムをつくりださなくてはなりません。

■原発立地の財政の実際

市町村の財政の健全度（キャッシュフロー分析指標の分布図）

出典：総務省地方財政状況調査から大和総研作成

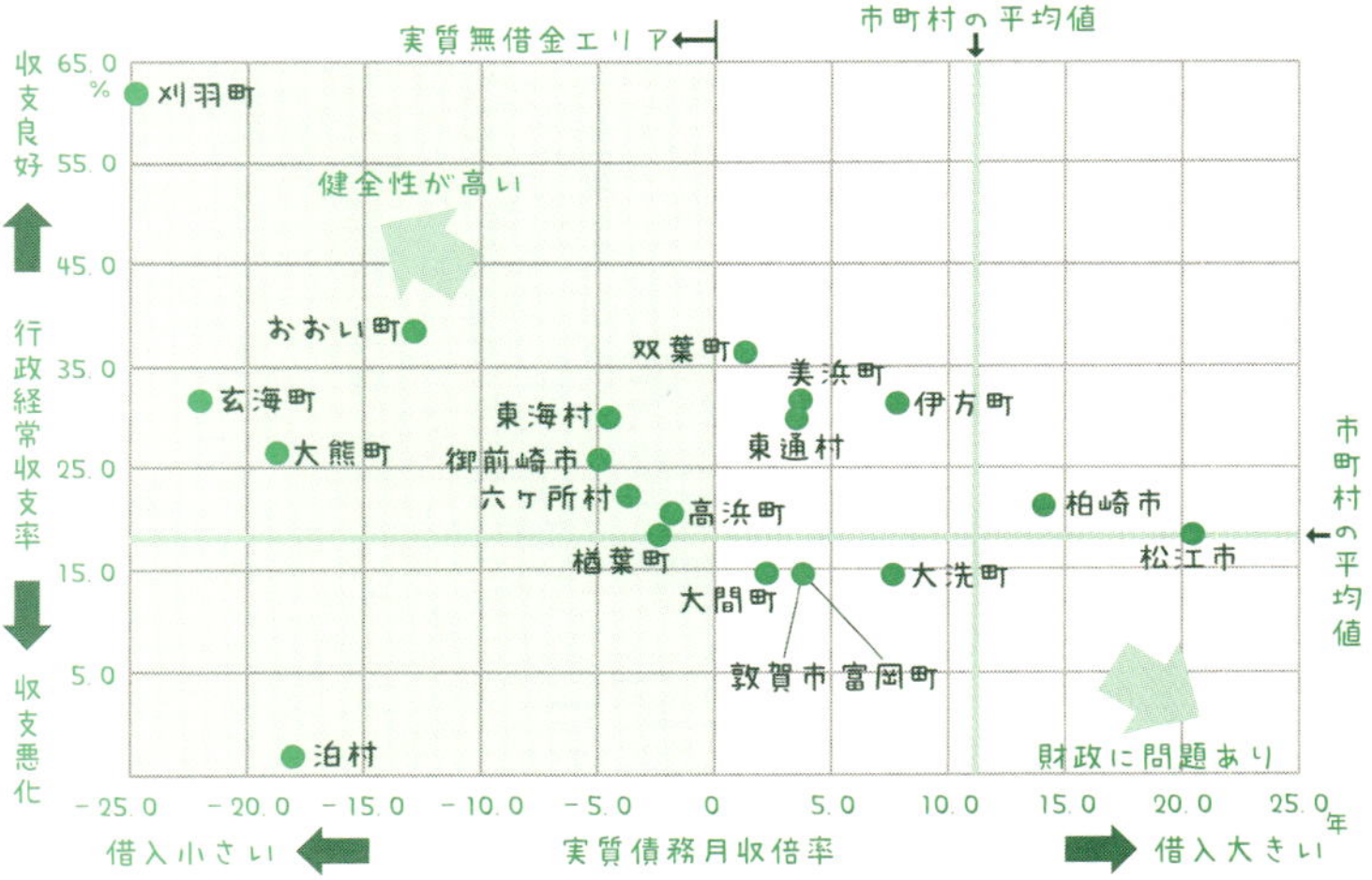

実質無借金エリア
市町村の平均値
収支良好
行政経常収支率
収支悪化
65.0 %
55.0
45.0
35.0
25.0
15.0
5.0
健全性が高い
財政に問題あり
刈羽町
おおい町
双葉町
美浜町
伊方町
玄海町
東海村
東通村
大熊町
御前崎市
六ヶ所村
高浜町
柏崎市
楢葉町
松江市
大間町
大洗町
敦賀市
富岡町
泊村
−25.0
−20.0
−15.0
−10.0
−5.0
0
5.0
10.0
15.0
20.0
25.0 年
借入小さい
実質債務月収倍率
借入大きい

原発運転開始から10年間の交付金モデルケース

（出力135万kWの原子力発電所の場合）

出典：経済産業省 資源エネルギー庁資料

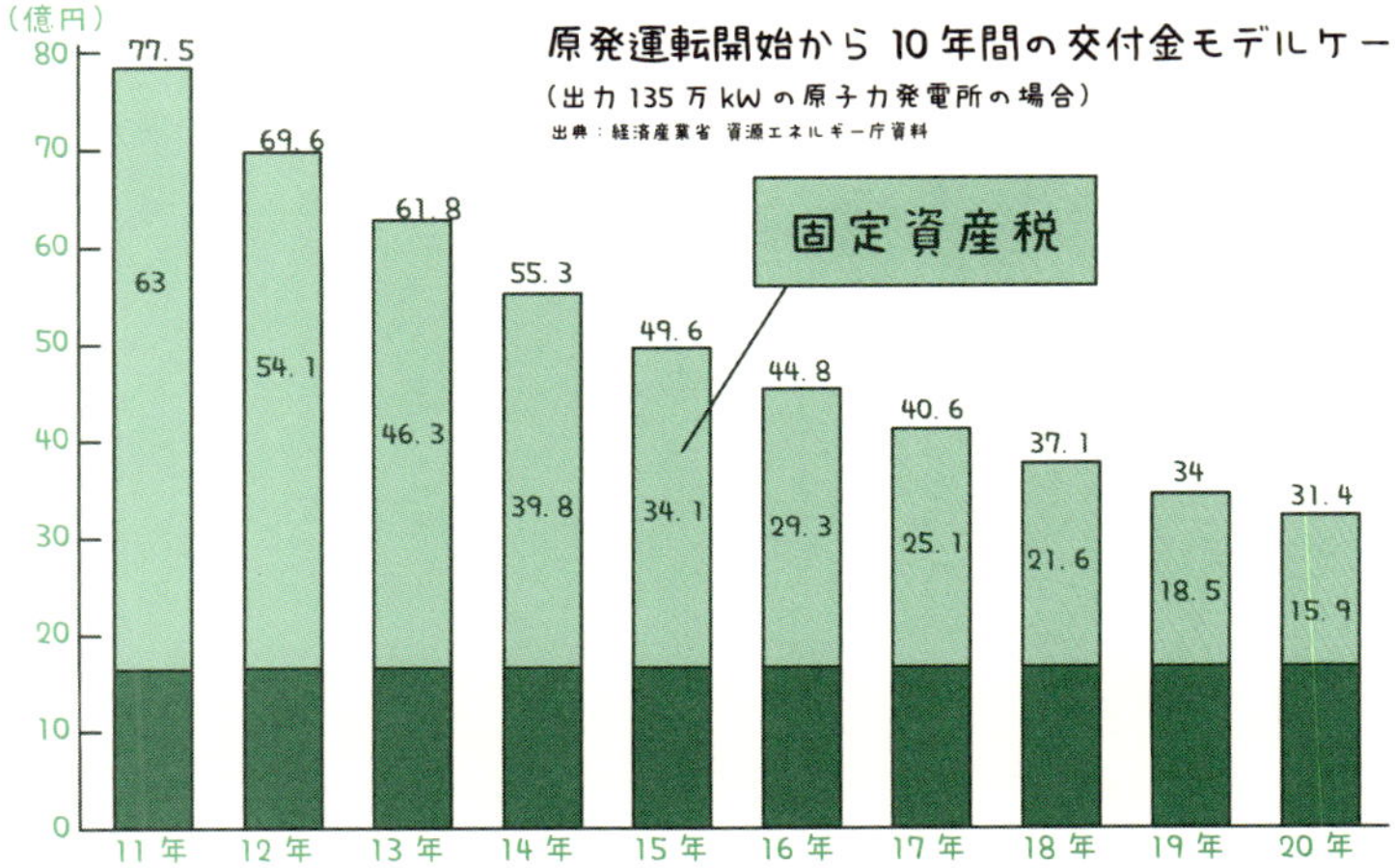

（億円）
80
70
60
50
40
30
20
10
0
固定資産税
77.5
63
69.6
54.1
61.8
46.3
55.3
39.8
49.6
34.1
44.8
29.3
40.6
25.1
37.1
21.6
34
18.5
31.4
15.9
11年
12年
13年
14年
15年
16年
17年
18年
19年
20年

上の図で見ると、原発立地の財政の健全度にはバラツキがあります。原発誘致による固定資産税収入が年々少なくなることも理由の一つと言えるでしょう。

Q23 福島の事故後、原発建設計画ってどうなったの？

A 今までの建設計画は見直す方針ですが……。

さすがに、政府は「2030年までに14基を新設」というエネルギー基本計画は見直す方針ですが、たとえば、青森県の大間《おおま》町や山口県の上関町の新設計画などは凍結状態のまま、中止が決まったわけではありません。

50ページで詳しく述べていますが、とりわけプルサーマルのための大間原発は、私はまったくムダだと思っています。

一方、上関原発の新設もきわめてナンセンスです。原発をつくろうとしている中国電力は、現状ですらお隣りの関西電力に売るほど電気が余っています。これに、島根原発3号機も加わる予定です。

では、なぜ中国電力は原発増設にこだわるのでしょうか。

答えは簡単。中国電力管内におけるCO_2排出量の割合を減らせるのでは、という甘い期待ゆえです。中国電力のCO_2排出量の割合は、他の電力会社と比べてずば抜けて高いので、発電量の分母を上げてその割合を下げようということ。ただそのためだけに原発を増やそうとしているわけなのです。

■2011年3月11日以前の原発新設計画

2011年1月1日時点の世界の主な原発新設計画

	建設中	計画中
アメリカ合衆国	1	8
フランス	1	0
日本	4	11
ロシア	11	13
韓国	6	2
ウクライナ	2	0
中国	30	23
台湾	2	0
インド	8	4
トルコ	0	4
インドネシア	0	4
ベトナム	0	4

※日本については2011年3月31日時点　出典：原子力産業協会

3.11以前に計画・建設中の原発

2011年1月までは、中国、ロシアに次ぐ勢いで原発増設計画を進めていた日本。福島第一原発事故を受けて、原発推進の姿勢を示した「エネルギー基本計画」の見直しが始まりました。

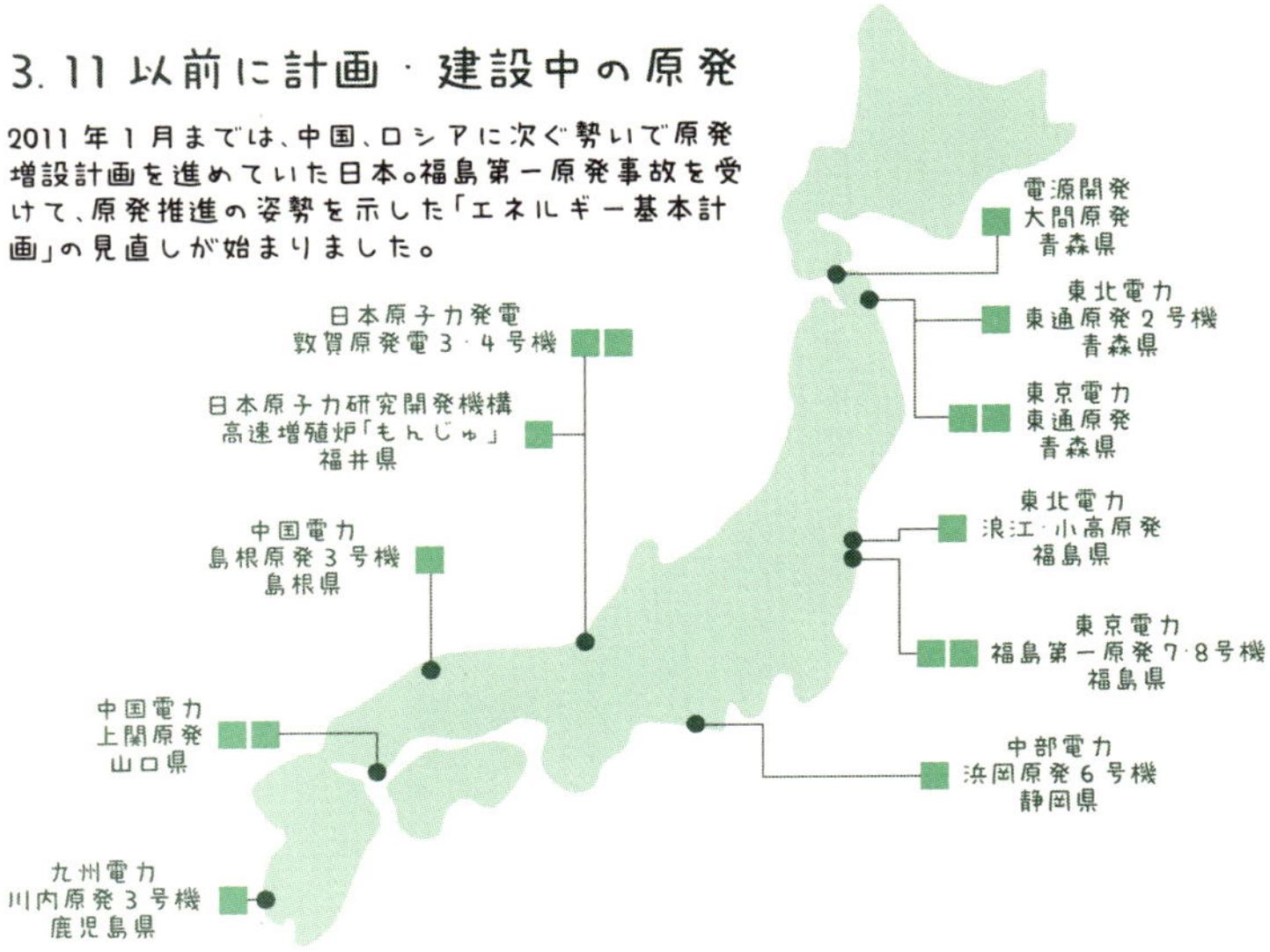

電源開発
大間原発
青森県
東北電力
東通原発2号機
青森県
東京電力
東通原発
青森県
東北電力
浪江・小高原発
福島県
東京電力
福島第一原発7・8号機
福島県
中部電力
浜岡原発6号機
静岡県
日本原子力発電
敦賀原発電3・4号機
日本原子力研究開発機構
高速増殖炉「もんじゅ」
福井県
中国電力
島根原発3号機
島根県
中国電力
上関原発
山口県
九州電力
川内原発3号機
鹿児島県

Q24 原発をなくすと雇用が減ってしまうのでは？

A 自然エネルギーを導入すれば、新たな雇用を増やすことができます。

雇用に関する心配はもっともです。

しかし、原発をなくしても、自然エネルギーの導入を進めていけば、かなりの雇用効果が期待できます。自然エネルギーの導入を進めているドイツの例を見てみましょう。

ドイツにおける自然エネルギーの発電量は、２０００年の時点では全体のわずか６％に過ぎませんでしたが、２０１０年には17％まで伸びました。さらに、その10年間で約５兆円にも上る産業経済効果と、左ページのグラフを見ればわかるとおり、37万人もの雇用を生み出したというデータがあります。

世界の自然エネルギー業界の雇用は、２０１０年の時点で３５０万人を超えました。今後、産業と市場の成長が見込まれる分野なので、２０３０年にはなんと２０００万人にも雇用が増えるといわれています。

自然エネルギー導入の際に大切なのは、地域の人が発電設備を管理するということ。地域内で自然エネルギーをどんどん拡大することができれば、その結果、地元の雇用も生み出されることになるのです。

■ドイツの自然エネルギー雇用効果

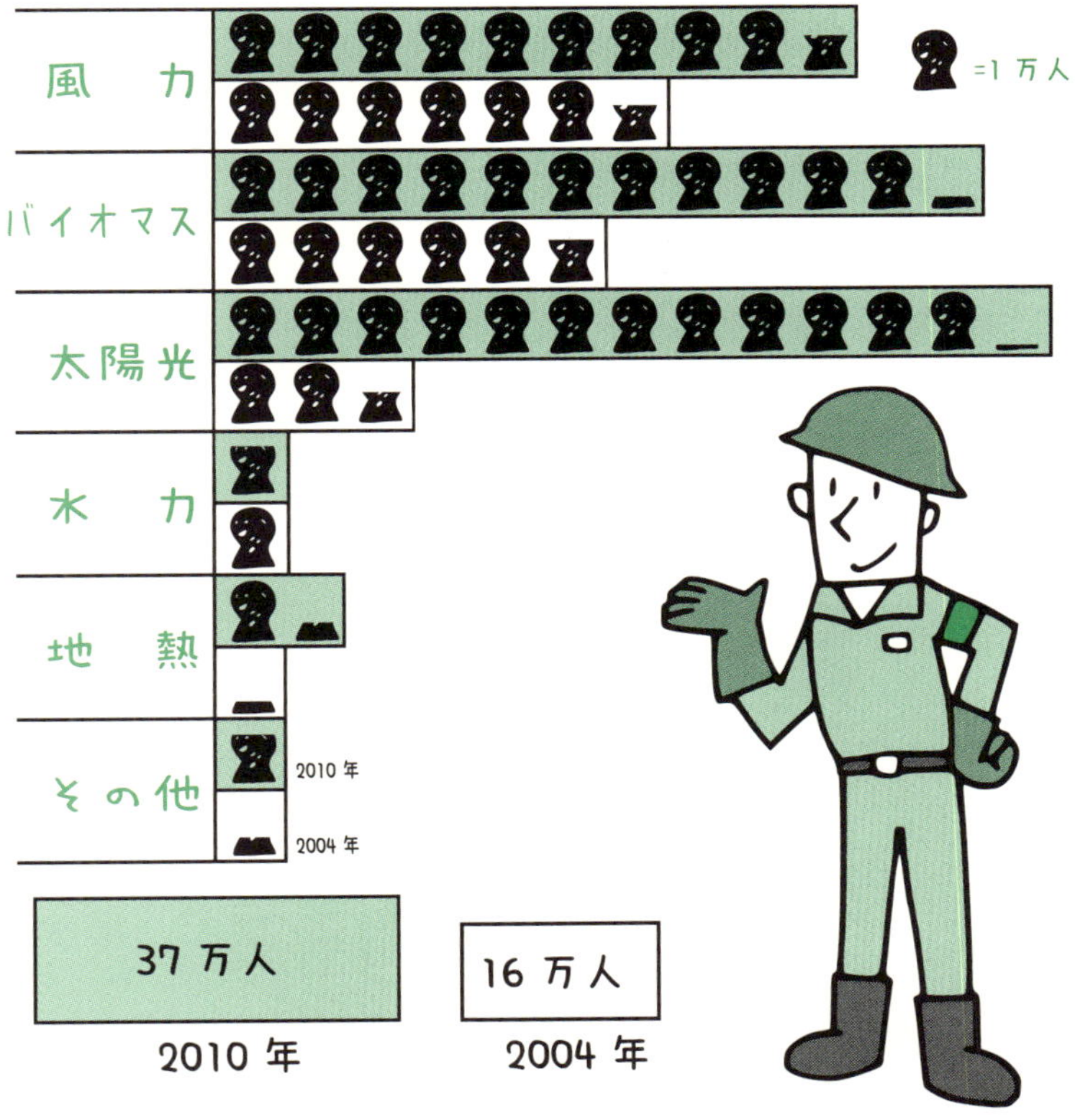

=1万人
風力
バイオマス
太陽光
水力
地熱
その他
2010年
2004年
37万人
16万人
2010年
2004年

出展：ドイツ環境省 Renewable energy source 2010

2000年の時点で、ドイツの自然エネルギーは発電量の6％ほどしかありませんでしたが、同年の「自然エネルギー促進法」導入により2010年には17％まで伸びました。自然エネルギー導入にともない、ドイツ国内では、雇用の増加や産業経済効果、CO_2の削減など、さまざまな好影響がみられました。

Q25 日本は資源が少ないから、原発を止めたらマズいんじゃない？

A いいえ。石油やウランに頼るのはそろそろ卒業しましょう。

日本に原発がたくさんできた背景には、世界的な事件が引き金になっていました。

１９７３年、第４次中東戦争が勃発。その渦中にいた石油産出国は、外交上の非友好国に対して石油の輸出禁止と値上げを断行しました。その結果、世界中の経済が大混乱した事件が「石油ショック（第１次）」です。

石油の大半を輸入に頼っていた日本では当然パニックが起こり、「新しいエネルギーの導入を！」と原発に力を入れ始めました。

翌年の１９７４年、当時の田《た》中《なか》角《かく》栄《えい》内閣のもと、いわゆる「電源三法（原発などを誘致した自治体に補助金を出し、地域の整備・振興を促進する制度）」が成立。以来、各地での原発建設が本格化し今に至ります。

しかし、いまだに石油への依存度は高いまま。また、ウランも１００％輸入資源ですし、石油のようにいずれ採り尽くしてしまうことは間違いありません。

原発なき後には、私たちも未来の世代も半永久的に利用できる自然エネルギーにシフトしていかなければなりません。

■世界のウラン生産事情

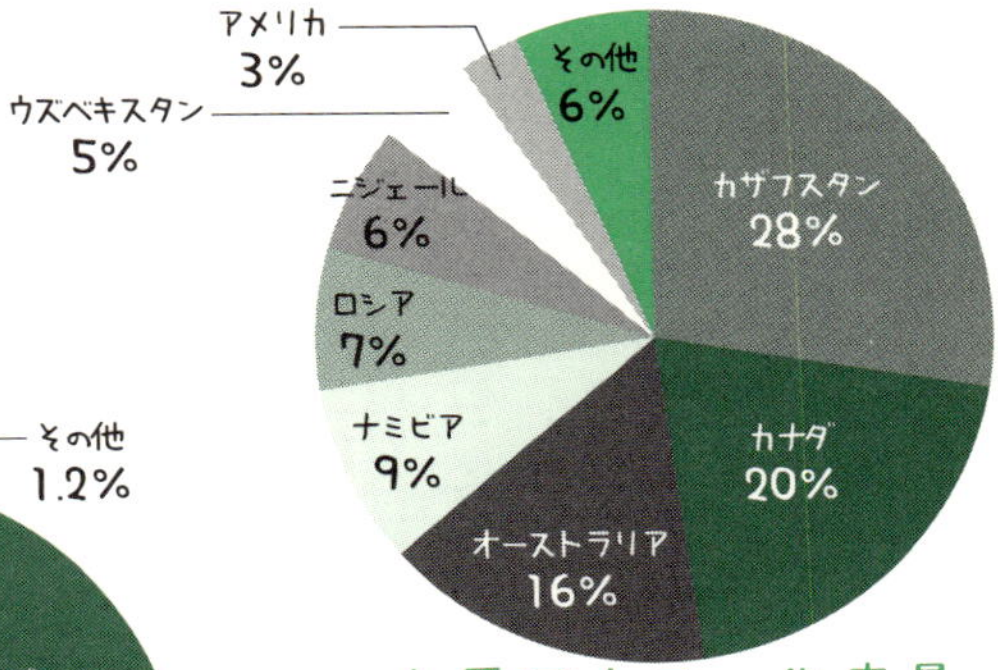
アメリカ
3%
ウズベキスタン
5%
その他
6%
ニジェール
6%
カザフスタン
28%
ロシア
7%
ナミビア
9%
カナダ
20%
オーストラリア
16%

主要国ウラン生産量
(2009)
出典：世界原子力協会

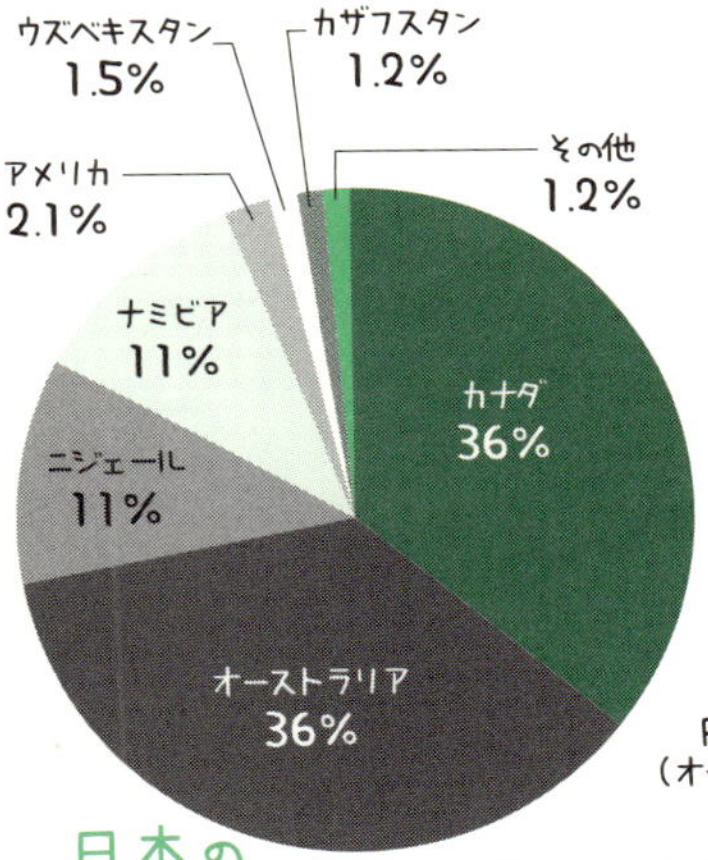
ウズベキスタン
1.5%
カザフスタン
1.2%
その他
1.2%
アメリカ
2.1%
ナミビア
11%
カナダ
36%
ニジェール
11%
オーストラリア
36%

日本の
ウラン輸入先
出典：資源エネルギー庁

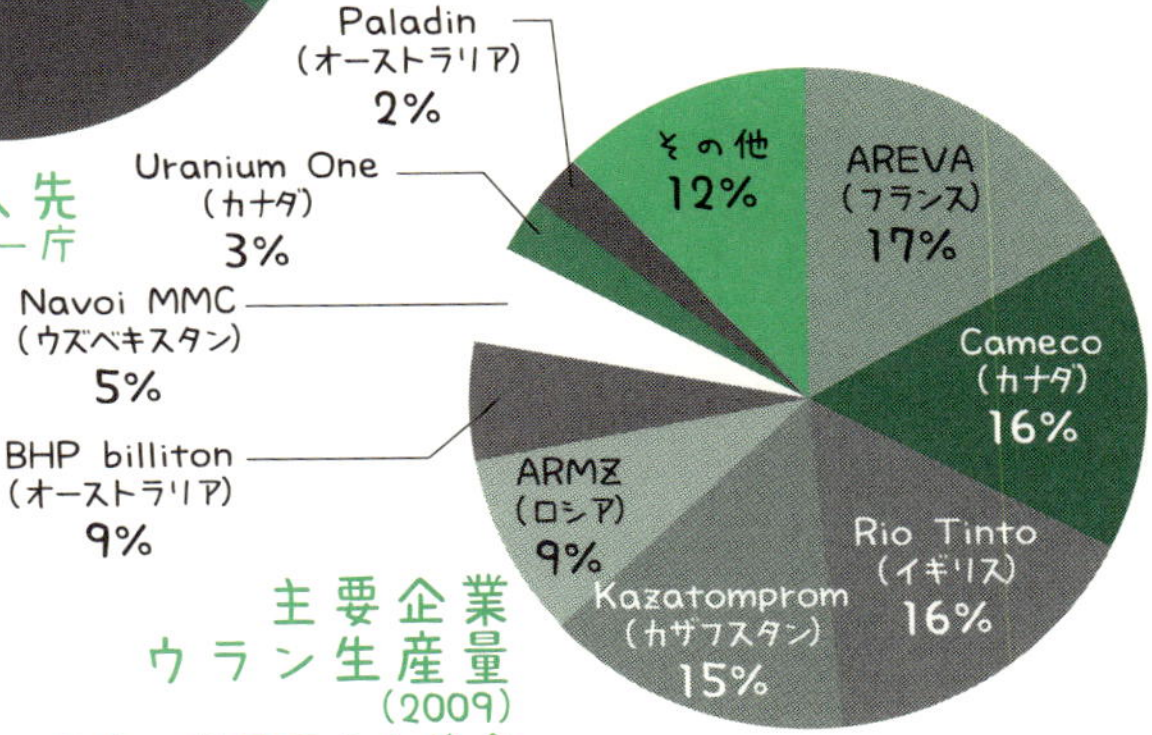
Paladin
(オーストラリア)
2%
Uranium One
(カナダ)
3%
その他
12%
AREVA
(フランス)
17%
Navoi MMC
(ウズベキスタン)
5%
Cameco
(カナダ)
16%
BHP billiton
(オーストラリア)
9%
ARMZ
(ロシア)
9%
Rio Tinto
(イギリス)
16%
Kazatomprom
(カザフスタン)
15%

主要企業
ウラン生産量
(2009)
出典：世界原子力協会

日本はウランの100%を輸入に頼っていますが、ウラン鉱山の採掘権を持つ企業はほとんどが外国の企業です。今後、新興国の原子力発電の参入により、ウランの獲得競争はますます激化すると予想されます。

Q26 実は、石油とか石炭はまだまだ余ってるんでしょ?

A 余っている量より、価格の高騰《こうとう》が大きな問題です。

原発を減らしていく間、一時的に石油や石炭などの化石燃料に頼るのは仕方がありませんが、この先ずっと化石燃料に頼っていくには二つの大きな問題があります。

まず一つは、値段の高騰の問題。

東日本大震災が起こる前から、石油と石炭の値段は上がり続けていました。

化石燃料は、ある一定の量まで採ってしまうと、だんだんと採れる量が減ってくるといわれています。

採れる量が減るのに対して、中国などの新興国が猛烈に需要を伸ばしていくことが予想されるため、値段はどんどん上がっていくと見て間違いないでしょう。

そしてもう一つは、地球温暖化問題です。石炭や石油を燃やす火力発電は、数ある発電方法のなかでもダントツにCO_2の排出量が多いのです。

原発への依存を減らしていくと同時に、節電を続けて自然エネルギーを増やしながら、化石燃料からも徐々に卒業していかなければなりません。

■日本の化石燃料輸入額と、化石燃料輸入額がGDP(名目)に占める割合

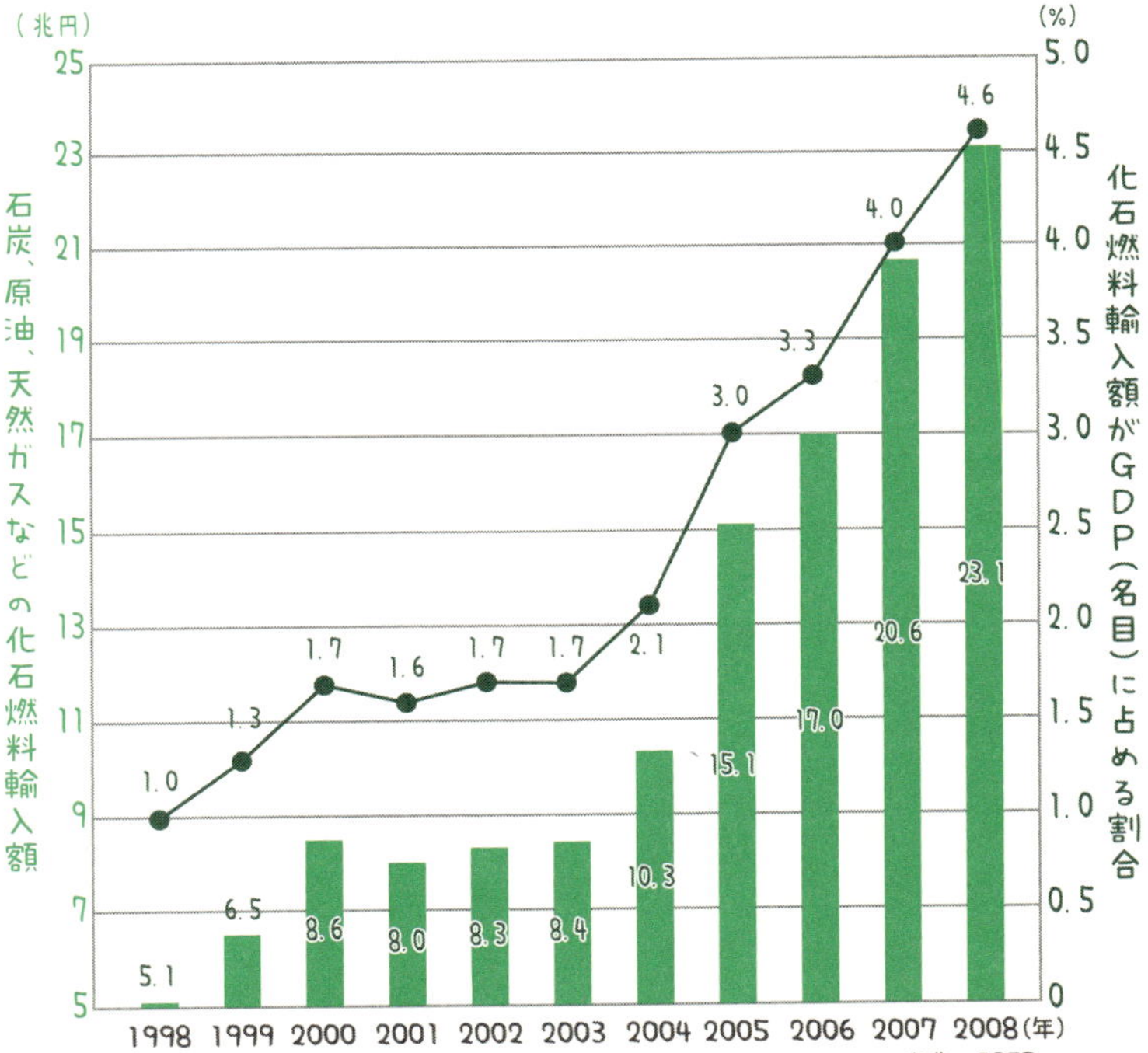

出典：ISEP

日本の化石燃料輸入額は年々増え、その額がGDPに占める割合も年々増加しています。2008年には、化石燃料を23兆円も輸入し、貿易黒字は2兆円に落ち込みました。世界の化石燃料の採取量が今後落ちていくことが予想されることに加え、中国などの需要拡大で、価格の高騰は避けることができないでしょう。

Q27 日本の原発の数は、世界に比べて多いの？少ないの？

A 国土の面積で言えば、超原発過密国です。

「はじめに」で述べたように日本の原発の数は54基。これは、アメリカの104基、フランスの58基に次いで世界第3位となります。ところが、国土の面積で比較してみると、フランス、アメリカの比ではありません。

日本の原発の発電量は、福島第一原発事故前で全体の3割弱、稼働率は6割程度でした（2008年）。ところが2010年の政府の「エネルギー基本計画」には、2030年までに原発を14基増設し、稼働率を90％まで増やすことが明記されています。

ただでさえ稼働率の低い原発を増やすという、この増設計画の根拠は不明な点だらけです。CO_2削減目的としても効果なく、またそういった理由も盛り込まれていません。

自民党・民主党の政治家も、原子力ムラに強く影響を受けているため、こうしたデタラメな政策がまかり通ってしまうのです。

エネルギー政策の主権は本来、国民にあるはずです。私たちも、「エネルギー基本計画」決定の過程には、注意を払わなければなりません。

■日本の原発マップ

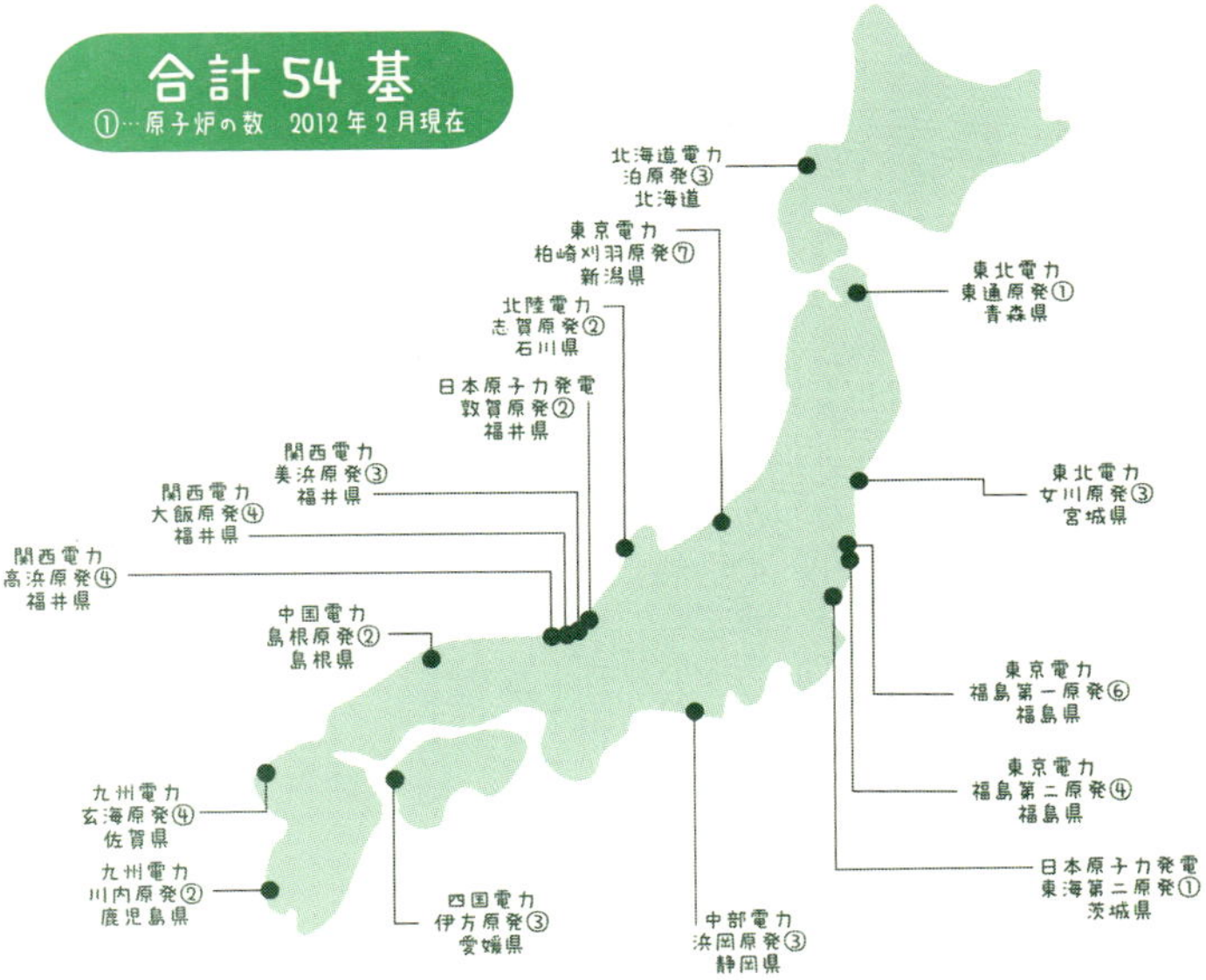

合計54基
①…原子炉の数　2012年2月現在
北海道電力
泊原発③
北海道
東京電力
柏崎刈羽原発⑦
新潟県
東北電力
東通原発①
青森県
北陸電力
志賀原発②
石川県
日本原子力発電
敦賀原発②
福井県
関西電力
美浜原発③
福井県
東北電力
女川原発③
宮城県
関西電力
大飯原発④
福井県
関西電力
高浜原発④
福井県
中国電力
島根原発②
島根県
東京電力
福島第一原発⑥
福島県
東京電力
福島第二原発④
福島県
九州電力
玄海原発④
佐賀県
日本原子力発電
東海第二原発①
茨城県
九州電力
川内原発②
鹿児島県
四国電力
伊方原発③
愛媛県
中部電力
浜岡原発③
静岡県

原発が多い上位5国

国策により原発を増やしてきた日本は、世界でも3番目に原発の多い国となっています。ロシアに次ぐ韓国は、今後も原発の増設を計画中。また、中国でも急速に原発の開発が進められています。

1	アメリカ合衆国	104基
2	フランス	58基
3	日本	54基
4	ロシア	32基
5	韓国	21基

出典：IAEA NUCLEAR TECHNOLOGY REVIEW 2011

Q28 原発はCO_2削減の切り札ではなかったのですか？

A 切り札どころか、原発導入後もCO_2は減っていません。

原発を残したいと思う人が必ず言うのが「原発はCO_2削減に効果的だ」ということ。ところが、これはまったくの神話にすぎません。

1970年以降、原発は54基つくられましたが、CO_2の排出量はまったく減っていません。また、「CO_2が増えるのは、経済成長しているから仕方ない」という主張もあります。しかし、左ページ下の表を見ればわかる通り、経済成長が鈍っているにもかかわらず、CO_2排出量は増え続けているのです。

さらに、原発にひとたび事故やトラブルが起こると、その代替として石油や石炭による火力発電を増やさざるを得ません。すると、CO_2はあっという間に増えてしまいます。現に2007年に中越沖地震が発生し新潟県の柏崎刈羽原発7基がすべて停止。その結果、日本のCO_2排出量は、1997年に取り決められた京都議定書の目標値より9.2%も増えてしまったのです。

このように、原発と火力発電に頼る現在の電力供給体制を続ける限り、CO_2削減は掛け声倒れに終わるに違いありません。

■日本の1人あたりのCO_2排出量の移り変わり

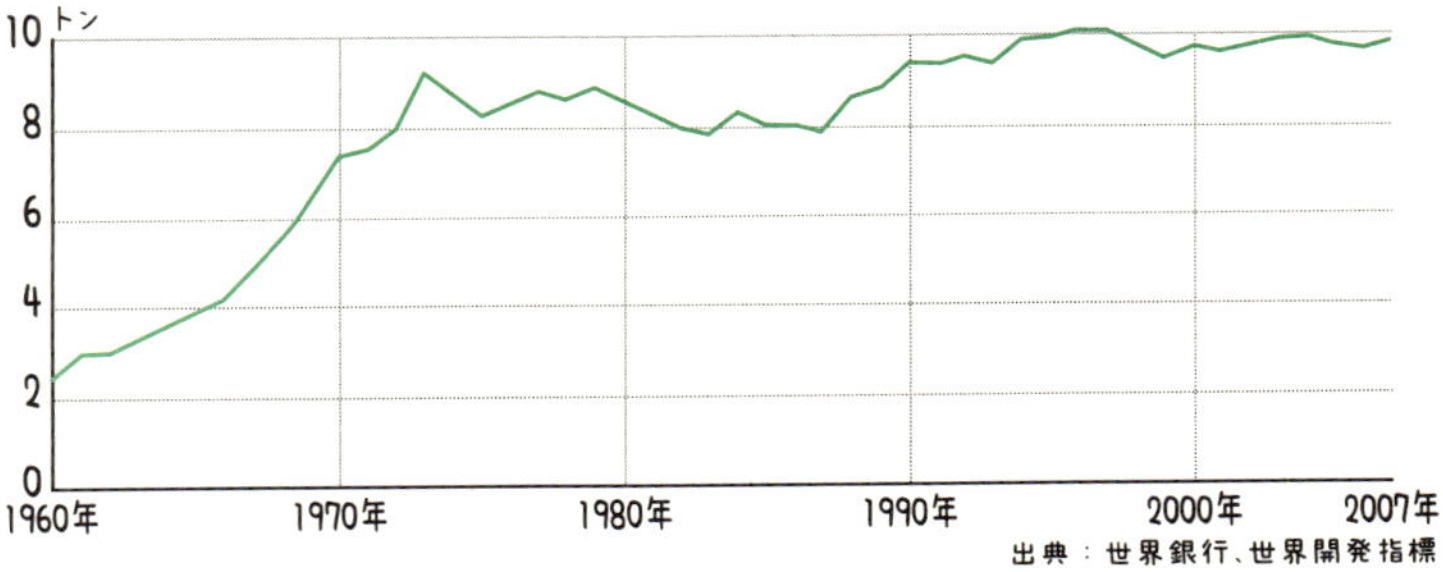

10トン
8
6
4
2
0
1960年
1970年
1980年
1990年
2000年
2007年

出典：世界銀行、世界開発指標

■欧米主要国の経済成長度とCO_2削減率の比較（1990－2007）

日本は経済成長度は
1番低いのに、
CO2排出量は
2番目に多い！

1＝環境税を導入している
2＝CO_2の総量削減の仕組みをもっている
3＝自然エネルギーを増やす政策を採用している

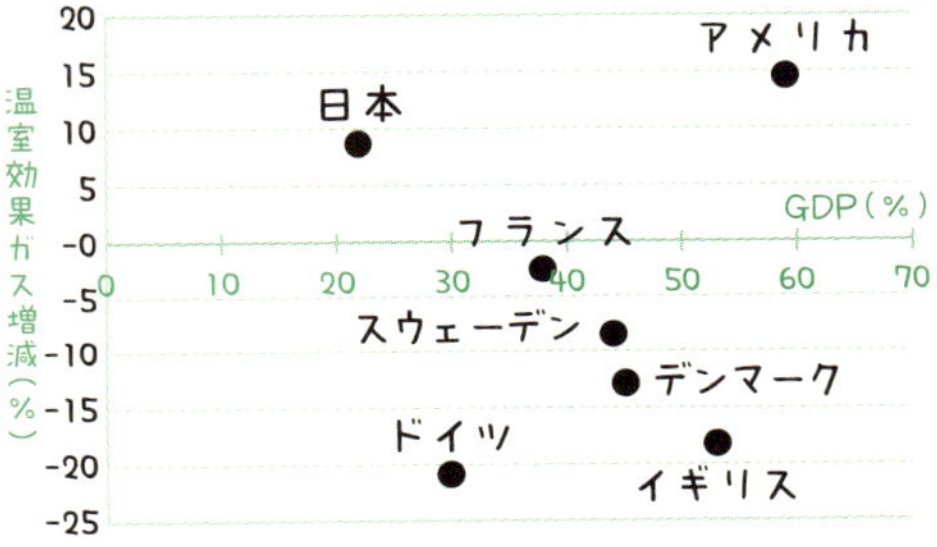

温室効果ガス増減（%）
20
15
10
5
-0
-5
-10
-15
-20
-25
GDP（%）
0
10
20
30
40
50
60
70
アメリカ
日本
フランス
スウェーデン
デンマーク
ドイツ
イギリス

	1	2	3
日	×	×	×
米	×	×	×
仏	×	○	×
スウェ	○	○	○
デン	○	○	○
独	○	○	◎
英	○	○	△

Q29 夏場に停電すると言われながら、まったく停電しなかったのはなぜ？

A そもそも国の見積もりが大げさ。もちろん節電効果は大でしたが……。

2011年の夏は、日本中の節電努力が実り、ピーク時でおよそ20%もの節電が実現しました。しかし、節電の結果のみで、停電が起こらなかったというわけでもありません。

あの時「電気が足りない」と言った東京電力と経済産業省の予測には、大いに疑問が残ります。なぜなら、彼らが試算した電力供給量には、揚水《ようすい》発電（水力発電の一種）の電力が実際より少なく見積もられていたからです。

一方、電力消費量の予想数字は、まったく節電を想定していない、かなりオーバーな数字でした。原発が止まったら電気が足りなくなるとでも言いたかったのでしょう。

しかし実際には、原発がすべて止まっても、電力供給能力自体には問題はありません。

電気は「貯めておけない」という性質があるため、電力会社は需要に合わせて発電所を動かします。しかし、本当に発電所をフル稼働させなくてはいけないのは、1年のうち、わずか数時間程度。その数時間のために巨大な設備を維持するよりも、ピーク時に節電を心がけるほうがよほど効率的なのです。

■夏場における電力需給の実際

2011年8月の電力需給実績推計(沖縄電力を除く)

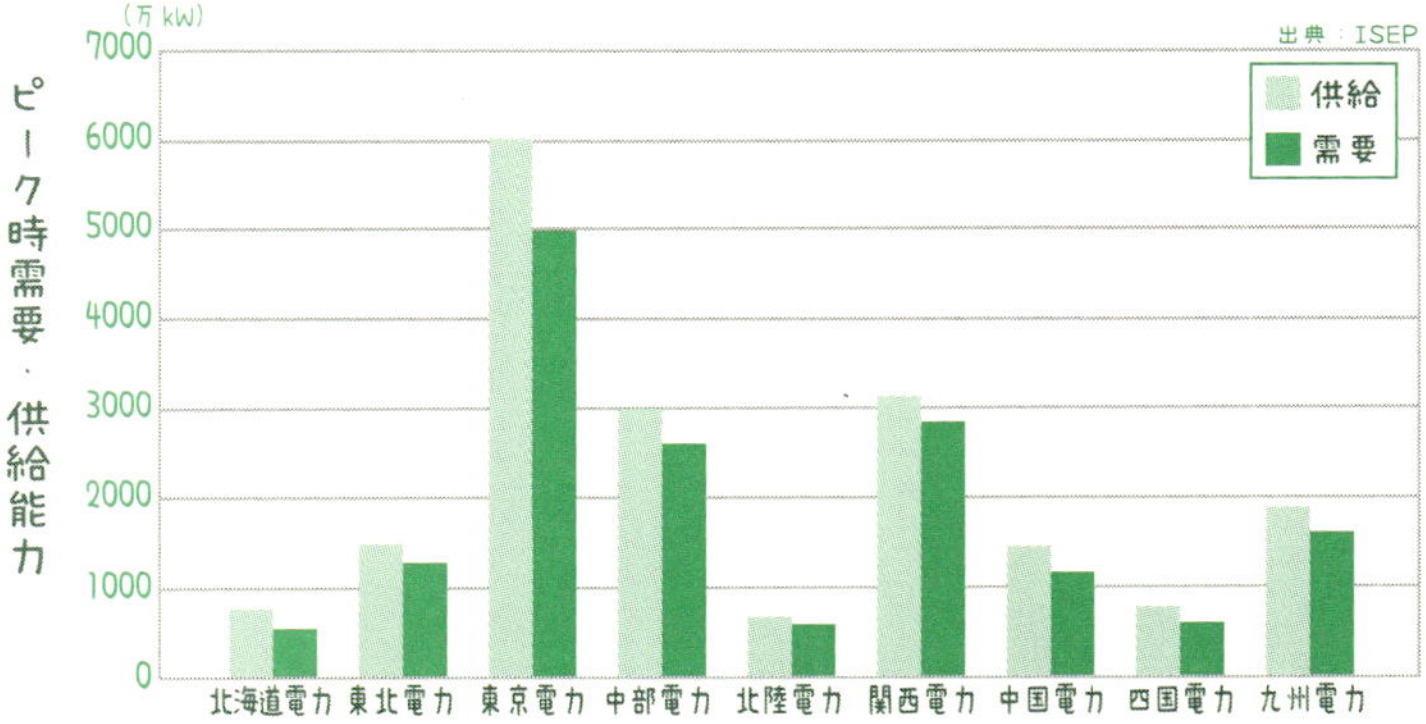

出典：ISEP
(万kW)
ピーク時需要・供給能力
0
1000
2000
3000
4000
5000
6000
7000
供給
需要
北海道電力
東北電力
東京電力
中部電力
北陸電力
関西電力
中国電力
四国電力
九州電力

2011年8月は、企業や家庭の節電、電力会社の供給源の確保によって、停電パニックなどの大きな問題は起きませんでした(ただし、東北電力のみ大雨による被害を受けました)。

2010年と2011年前半の東京電力の需要曲線

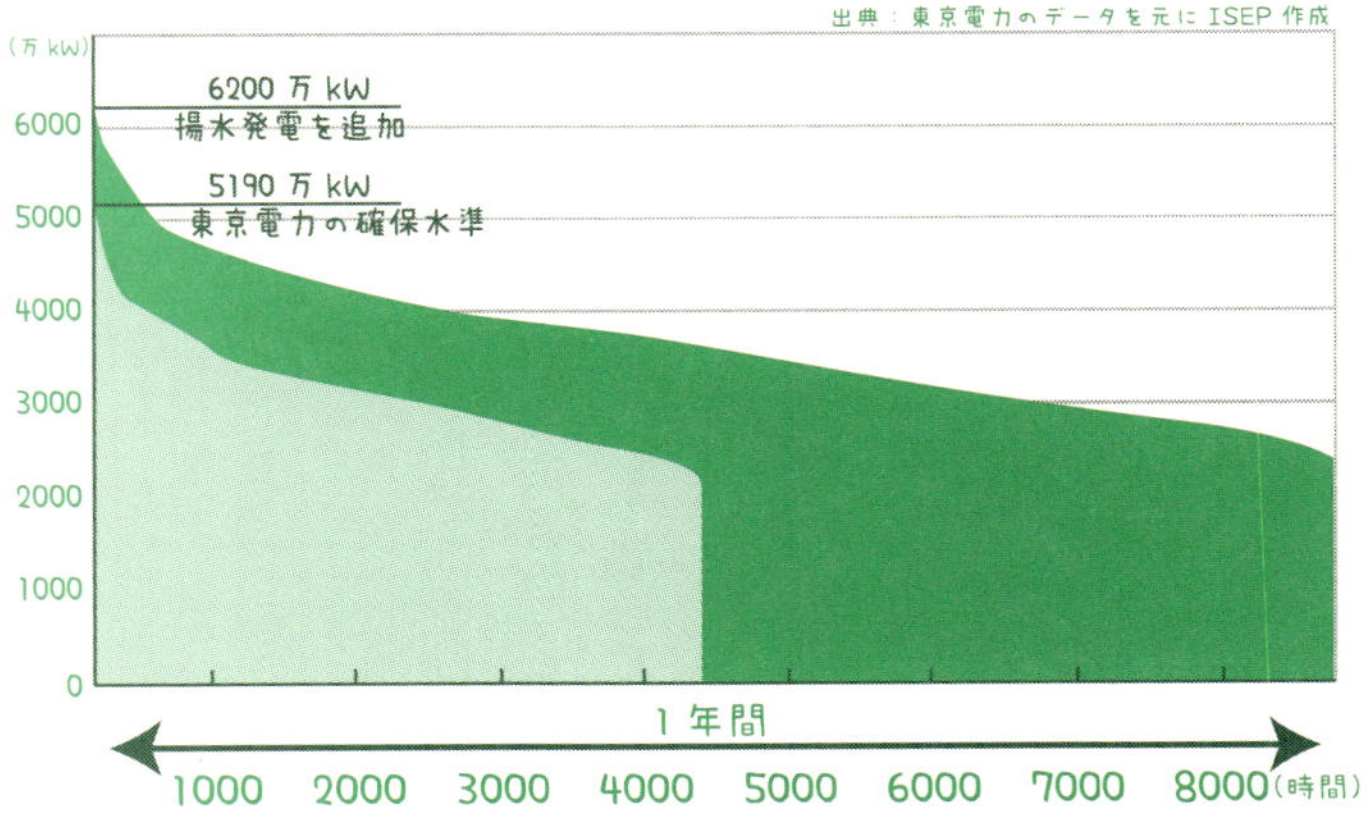

出典：東京電力のデータを元にISEP作成
(万kW)
6200万kW
揚水発電を追加
5190万kW
東京電力の確保水準
0
1000
2000
3000
4000
5000
6000
1年間
1000
2000
3000
4000
5000
6000
7000
8000
(時間)

電力の需要が本当のピークになるのは、1年のうち5~6時間だけ。このわずかな時間のために、電力会社は大規模な発電所を維持しているのです。

Q30 電力不足になったら電力会社同士で補い合えばいいのでは？

A 多少は役に立ちますが、送れる量に限界があります。

東日本で電気が足りない！となったら、西日本から電気を送ってあげればいいじゃないか、と思う人はたくさんいたことでしょう。

それで問題は解決するはずですが、この国独特の事情がありそれができませんでした。

10エリアに別れた電力会社のそれぞれの管内には、世界最高峰の送電網が張りめぐらされています。しかし、各電力会社のエリア同士をつなぐ送電線の規模はとても小さく、たくさんの電気を送ることができません。

しかも、東日本と西日本では電力の周波数が異なるため、どれだけ西日本で電気が余っていようとも、周波数の変換所を通すため、一度に１０３万kWしか融通できなかったのです。これはせいぜい、原発1基分程度の電力にしかなりません。

道路にたとえると、それぞれの地域が管理する道路は広くて便利だけれど、地域間を結ぶ道路がとても狭いため、結局、渋滞してしまうようなものです。電線は道路と同じ公共財産であることを考えると、いかにも不便な話であるわけです。

■日本の主な送電網

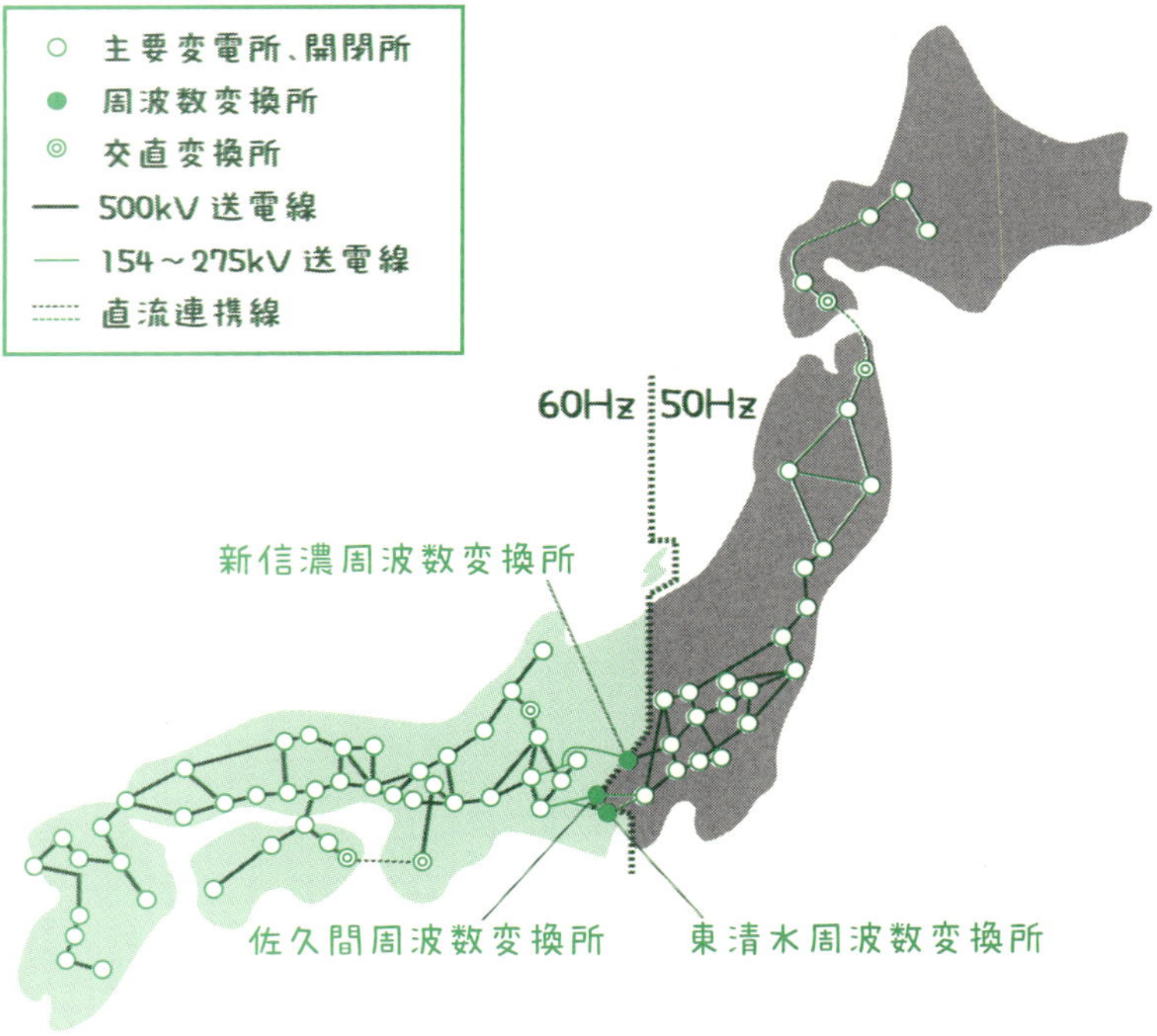

○ 主要変電所、開閉所
● 周波数変換所
◎ 交直変換所
— 500kV 送電線
— 154～275kV 送電線
…… 直流連携線
60Hz
50Hz
新信濃周波数変換所
佐久間周波数変換所
東清水周波数変換所

そもそも日本に電力が普及しはじめた明治時代、関東では周波数50Hzのドイツ製発電機が使用されたのに対し、関西では周波数60Hzのアメリカ製発電機が使用されました。その影響がいまだに尾を引き、東西日本の送電が妨げられているというわけです。

Q31 どうして地域ごとに使える電力会社が決まっているの？

A 電力会社にとって都合がよかったからです。

電力会社が地域ごとに分かれている理由は、電力会社の成り立ちに関係があります。戦時中に電力事業をつかさどった日本発送電が戦後、解体され、地域ごとに発電、送電、配電、売電を請け負う9（後に10）の電力会社が誕生しました。いくつもの会社が電線を引くより、一地域一電力会社とし、発送電を行ったほうが、合理的かつ安定的な電力供給ができると国が考えたからです。

ところが、その後の技術的な進歩により、一電力会社による地域独占体制でなくても、安定的な電力供給ができるようになりました。そこで、複数の会社に価格競争をさせようと、日本では1990年代後半から「電力自由化」が進められたのです。しかし、新規参入はほとんど進みませんでした。

そのわけは、既存の電線が自由に使えなかったから。電線を引くには莫大なコストがかかるうえ、電力会社は、自らの独占を守るため、新規参入の会社に自由に電線を使わせませんでした。そのため、今に至るまで10電力会社による地域独占が続いているのです。

■日本の電力会社の移り変わり

戦前の電力会社数の移り変わり

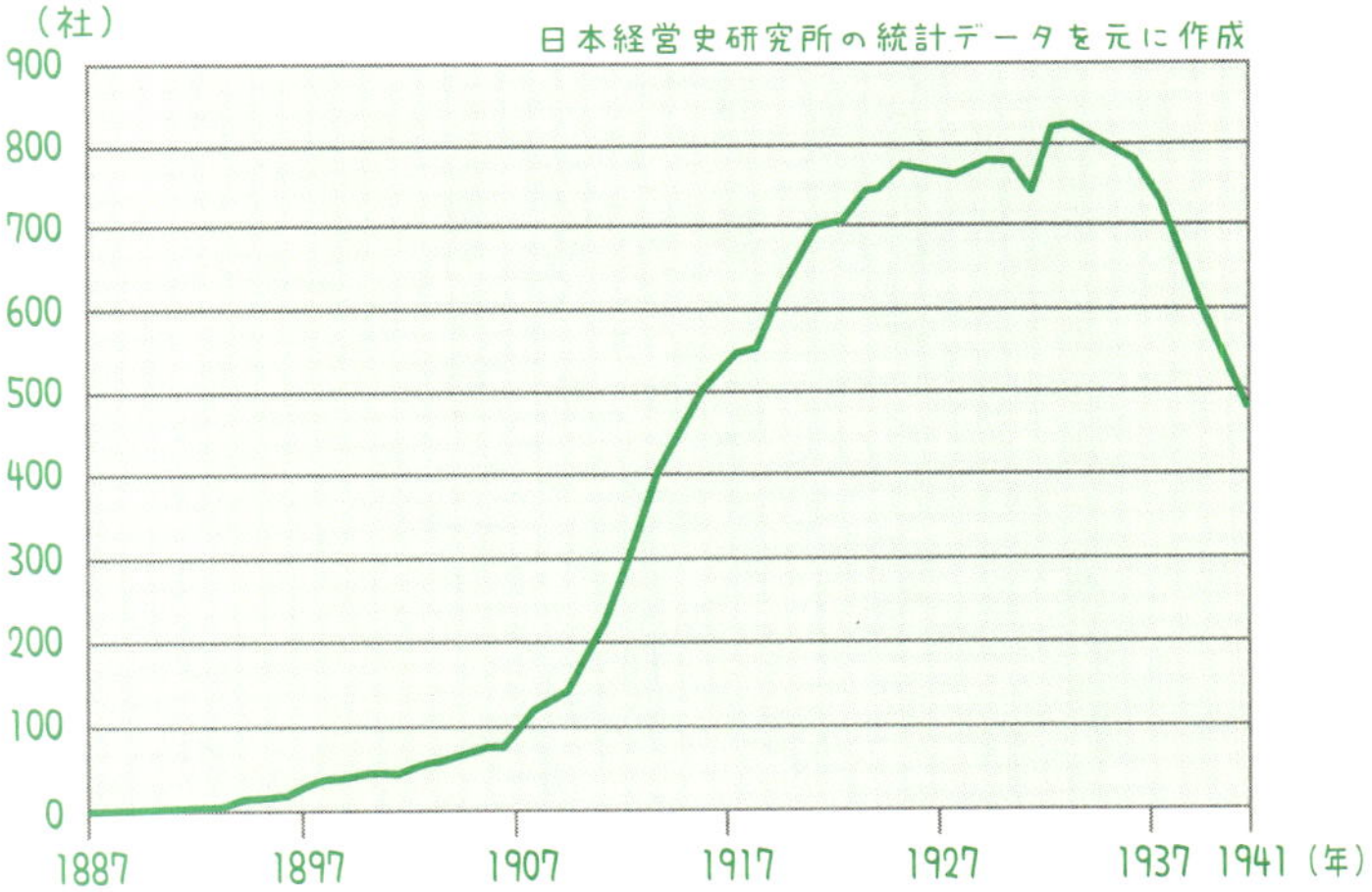
（社）
日本経営史研究所の統計データを元に作成
900
800
700
600
500
400
300
200
100
0
1887
1897
1907
1917
1927
1937
1941（年）

日本では戦前、中小の電力会社の設立が相次ぎ、多い時には800社を超える電力会社が存在した時代もありました。

9電力会社発足までの流れ

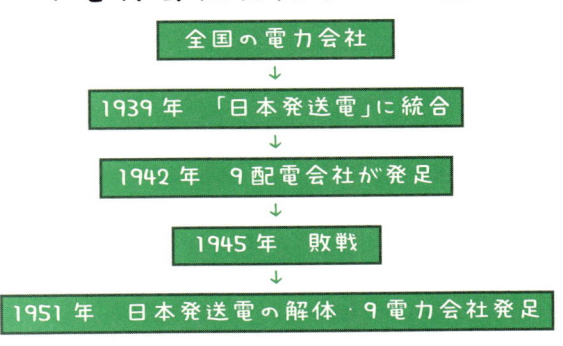

全国の電力会社

↓

1939年　「日本発送電」に統合

↓

1942年　9配電会社が発足

↓

1945年　敗戦

↓

1951年　日本発送電の解体・9電力会社発足

1951年の日本発送電の解体により、北海道電力、東北電力、東京電力、北陸電力、中部電力、関西電力、中国電力、四国電力、九州電力が誕生。後に沖縄電力が加わり、10電力会社体制になりました。

Q32 地域ごとに使える電力会社が決まっている国ってほかにもあるの？

A 先進国では日本とメキシコくらいです。

諸外国の電力事情はどうなっているのでしょうか。外国ではたいてい、いくつかの電力会社のなかから、ユーザーが好きな会社を選んで電力を買っています。

北欧のスウェーデンは、日本より人口も少ないにもかかわらず、電力会社は１００社もあります。アメリカはというと、公営民営含めて、なんと３０００社もの電力会社がしのぎを削っています。

実は、日本の電力会社のように、発電、送電、配電、売電の機能を一つの地域で一つの会社が担当することは、世界的にも珍しく、ＯＥＣＤ（経済協力開発機構）加盟国では日本とメキシコくらいです。

アメリカやスウェーデンの電力会社も、かつては日本と同じく独占体制でした。しかし「電力自由化」という流れのなかで、発電会社と送電会社が切り離され、たくさんの電力会社が誕生していったのです。

日本でも、発電と送電をバラバラに行う仕組みに変えれば、新しい会社が参入し、電気料金も競争によって下がっていくでしょう。

■「電力自由化」によるメリットは？

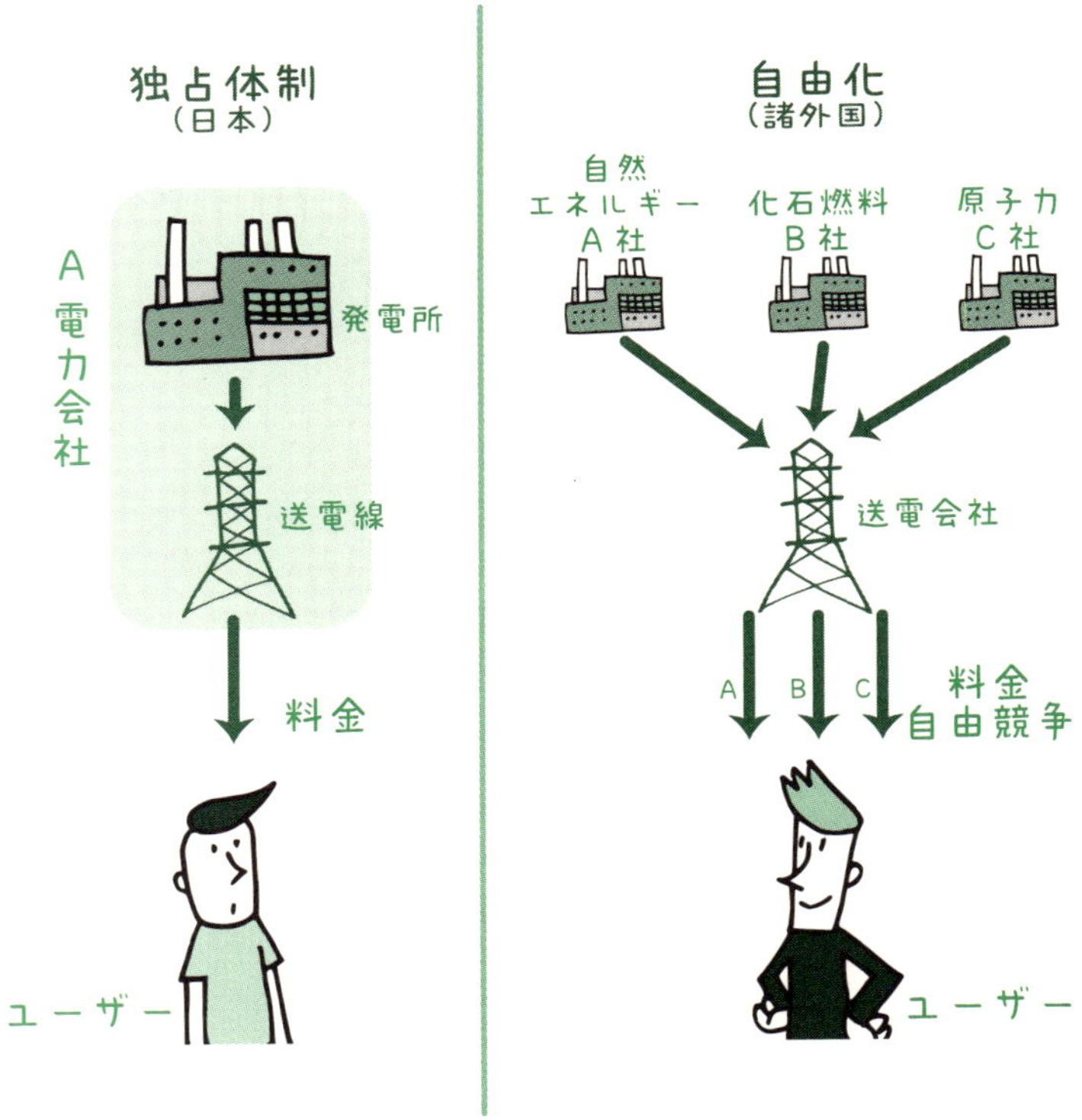
独占体制
（日本）
A電力会社
発電所
送電線
料金
ユーザー
自由化
（諸外国）
自然エネルギー
A社
化石燃料
B社
原子力
C社
送電会社
A
B
C
料金
自由競争
ユーザー

電力自由化を行った国では、発電と送電を違う会社（または組織）が主に行い、さまざまな電力会社が市場に参入しました。結果、ユーザーはどの会社から電力を買うか、自由に選択できるようになったのです。

Q33 節電はいつまで続けるべきですか？

A たとえ、事故が終息しても節電意識はもち続けなければなりません。

原発がすべて止まっても、電気は足ります。では、私たちはこれからも電気を湯水のように使い続けていいのかというと、そんなことはありません。

化石燃料や原子力のエネルギーをたくさん使って、私たちの生活は豊かになりました。しかしこのままの状態では、エネルギー資源の供給問題や環境の悪化などを引き起こし、将来必ず行き詰まってしまいます。

そのためにも、私たちは今の暮らしの便利さを維持しつつ、将来世代も豊かに暮せる「持続可能な社会」を目指すべきです。

電気はそもそも目的を実現する手段にすぎません。部屋を暖めて快適に過ごしたいという目的があれば、それをより少ないエネルギーで実現すればいいのです。

さらに言えば、電力をたくさん使うことが豊かさではありません。過剰なネオンや電光掲示などは、環境問題が軽視された高度経済成長時代の遺物といえるでしょう。

このような価値観へ移行していくことで、「持続可能な社会」へと近づけるのです。

■持続可能な社会をつくるためには？

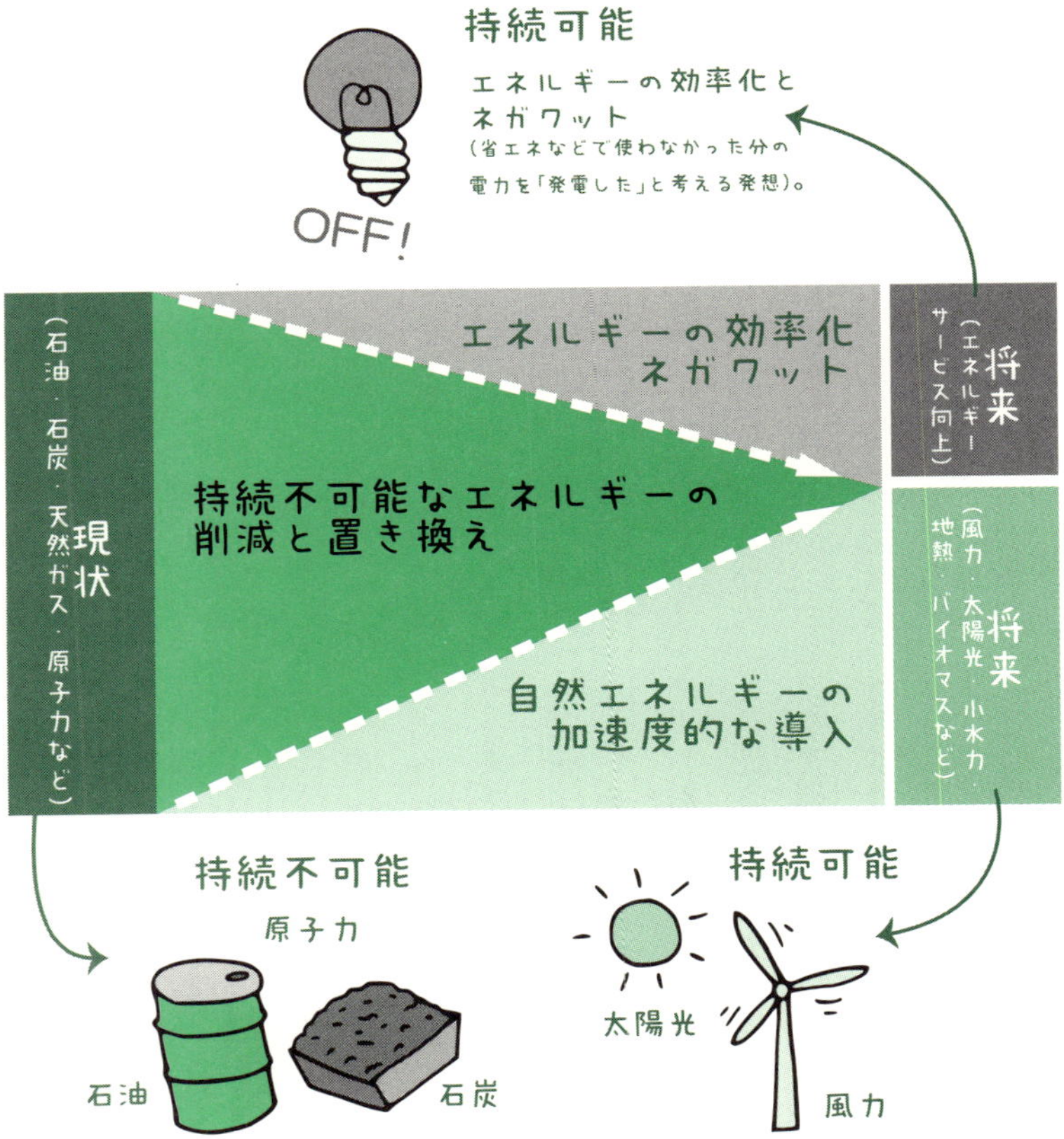
持続可能
エネルギーの効率化とネガワット
（省エネなどで使わなかった分の電力を「発電した」と考える発想）。
OFF!
現状
（石油・石炭・天然ガス・原子力など）
エネルギーの効率化
ネガワット
持続不可能なエネルギーの削減と置き換え
自然エネルギーの加速度的な導入
将来
（エネルギーサービス向上）
将来
（風力・太陽光・小水力・地熱・バイオマスなど）
持続不可能
原子力
石油
石炭
持続可能
太陽光
風力

将来の世代も変わらず使えるエネルギーを選ぶことが、持続可能な社会を実現させます。省エネも、発電所をつくらずに電気を「生み出す」手段のひとつと考える発想も大切です。

Q34 簡単でしかも効果のある節電方法なんてあるの？

A もちろん。エネルギー効率のいい賢い方法を紹介しましょう。

節電というと、暑さ寒さをがまんするものというイメージがあるかもしれません。けれど、何もがまんすることだけが節電につながるわけではありません。ここでは簡単で効率のいい節電・省エネ方法を紹介しましょう。

たとえば、家庭で電力会社と契約しているアンペア数を2割下げれば、約10％消費電力が減らせ、電気料金も抑えられます。

エネルギーのほとんどが熱になって逃げてしまう白熱電球を、ＬＥＤに替えるのも一つの手です。東京大学工学部では、照明をすべてＬＥＤに替えることで、消費電力を約60％も減らすことができました。

また本来、暖房や給湯を電気でまかなうのは非効率です。電気は発電の際に6割の熱エネルギーが失われます。その残りの4割を、再び熱に戻すことになるわけですから、効率の悪さは火を見るより明らかです。お湯を沸かす際には電気の使用を控えるなどして、効率よく電気を使いましょう。

まずは、身近な電気の使い方を見直すところからスタートです。

■日本の家庭の電力消費の割合

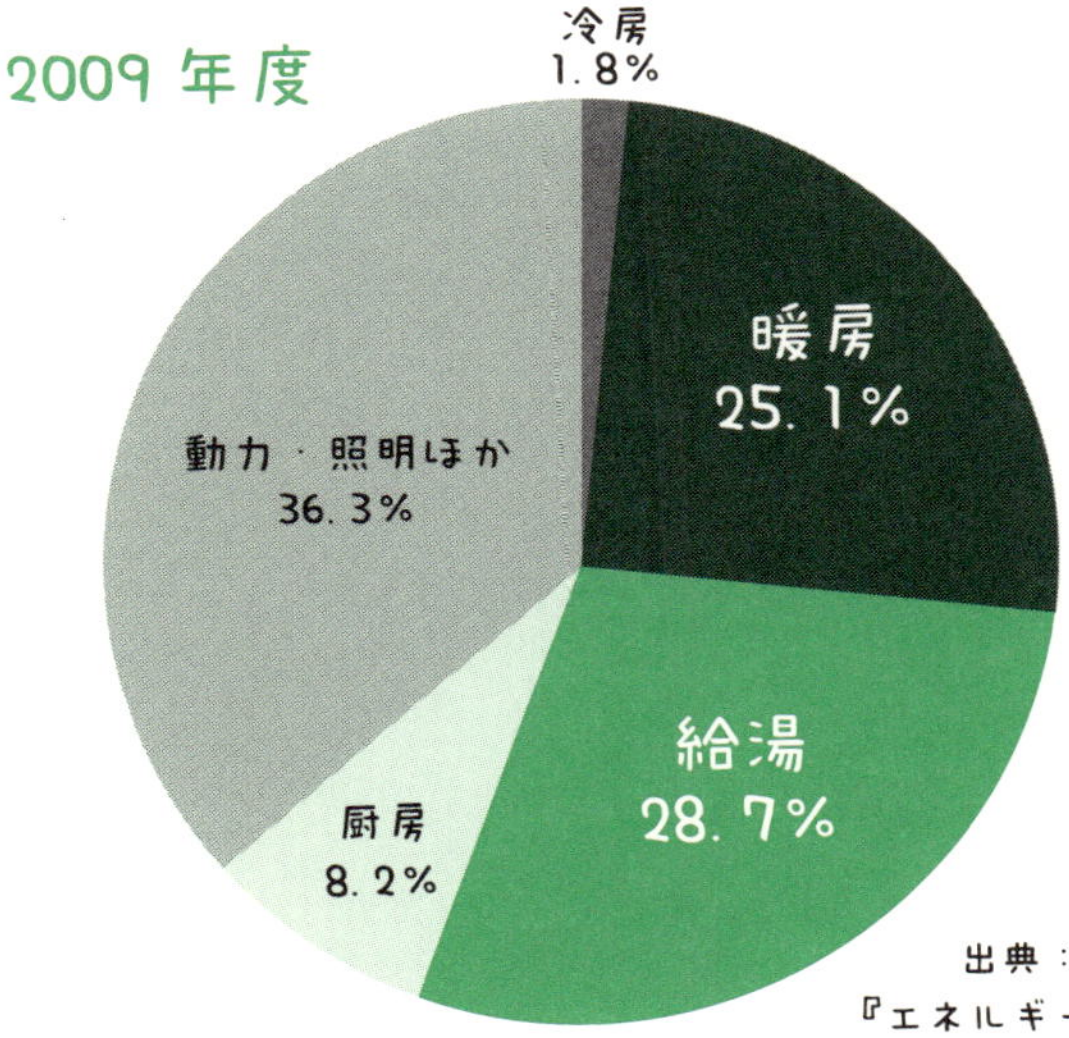
2009年度
冷房
1.8%
暖房
25.1%
給湯
28.7%
厨房
8.2%
動力・照明ほか
36.3%

出典：経済産業省
『エネルギー白書2011』

電気ヒーターを使って部屋を暖めるのは、「電気ノコギリでバターを切る」と言われるくらい、エネルギーのムダが多いそうです。たとえば、ヨーロッパで普及している「コジェネレーション・システム」という暖房方法は、発電所から出る温排水の熱を利用する、とてもエネルギー効率のよい暖房方法です。

「電気ノコギリで
バターを切る」の図

Q35 事故前と事故後で原発に関する報道の仕方は変わったの？

A 原発に批判的になったように見えますが、本質は変わっていません。

　これまでの日本のメディアでは、原発は「安全」「クリーン」「安定供給の主役」といった、原発推進派の広告戦略的なメッセージが広く行き渡っていました。その理由の一つには、電力会社が膨大な広告費を武器にメディアを支配していたということが挙げられます。

　しかし、より本質的な問題は、政治家、官僚、評論家、ジャーナリストといった人びとに、環境に対する知識の共通基盤があまりにも欠落しているということにあります。そこに、日本が原発を推進し、技術も知識の蓄積もないカラッポの原子力ムラがつくられていった本質があるのではないでしょうか。

　福島の原発事故以降、原発に批判的な報道は増えました。しかし、知識人やマスコミが環境に対する適格な知識の共通基盤をもち、かつ、高い次元で批判できるような人間が増えないことには、一方的な価値観が広まってしまうという、これまでのパターンは変わらないかもしれません。

　もちろん、私たちも環境に対する意識と知識を高めたほうがいいわけです。

■福島原発事故に対する日本と海外のメディアの温度差

Q36 日本では福島の事故以前に、原発のあり方についての議論はなかったの？

A 幾度かありましたが、国を動かすには至りませんでした。

日本に原発が増えていくなかで、国民は原発のあり方についてまったく疑問をもたなかったわけではありません。では、なぜ彼らの声は国に届かなかったのでしょうか。

１９７０年代前半から、科学者をはじめ原発に批判的な人びとはいましたが、まだまだ少数派の意見として国が耳を傾けることはありませんでした。

その後、大規模な反原発ブームが起こったのは１９８６年。チェルノブイリ原発事故で食品の放射能汚染が問題になり、四国電力が伊《い》方《かた》原発の試験を強行した時のことです。

しかしこの動きも、地球温暖化に原発が有効だとする流れに負けてしまいました。当時の反原発派が理想を求めるあまり、頑固になりすぎた面もあるかもしれませんが、一番の原因は、国民の異議申し立てをずっと無視し続けた政治にあるといえます。

けれど、どうせ何も変わらないと思って無関心になってはいけません。一人ひとりが問題に関心を持って、社会にかかわっていくことが、現実を変えていくうえで大切なのです。

■日本と海外の原発事故に対する反応の違い

1979年　スリーマイル島原発事故

日本

スウェーデン

ふーん

原発やめようよ
必要でしょ!

大きな社会現象はなし

↓

原発推進政策を維持

国中で議論が巻き起こる

↓

国民投票を実施

↓

原発推進政策を転換

★ほかにもデンマーク、ドイツ、オーストリアなどがこの時、原発推進政策を転換

1986年　チェルノブイリ原発事故

日本

イタリア

あぶない!
原発やめよう!

署名して!
やっぱ危ないよね!

反原発を訴えた
広瀬隆氏の著作『危険な話』が
30万部の大ヒット。
1986年8月の朝日新聞の調査では
賛成34%、反対41%と反対派が多数に。

↓

原発推進政策に転換なし

原発についての
国民投票を求める
署名運動が起こる

↓

国民投票実施

↓

原発推進政策を転換

Q37 ヨーロッパでは脱原発が進んでいるのに、事故が起きた日本で進まないのはなぜ？

A 「賛成」「反対」のかけ声だけで、議論を深めてこなかったからです。

福島第一原発事故の後、ドイツではメルケル首相直属の倫理委員会が中心となり、国民とともに徹底的に原発についての議論を行いました。その様子はテレビでも放送されました。そして、経済の観点からではなく、人類として原発に向きあった結論として、脱原発を決めました。

事故当事国である日本では、なぜこのような議論が行われないのでしょうか。

日本では、国民の声が国に反映されにくいという政治的な欠点もありますが、私たち国民や、マスコミにも問題がないとは言い切れません。かつての反原発運動もそうでしたが、何かといえば「賛成派」「反対派」といったラベルを貼り合い、議論を深めることをしてきませんでした。

今後は、そのような何も生み出さない二項対立を脱し、ヨーロッパのような対話による現実的な協調を目指す「エコロジー的近代化」を果たさなければなりません。具体的な未来像を描きながら、考え対話する。これこそが、今、必要とされることなのです。

■原発の是非を問う国民投票の一例

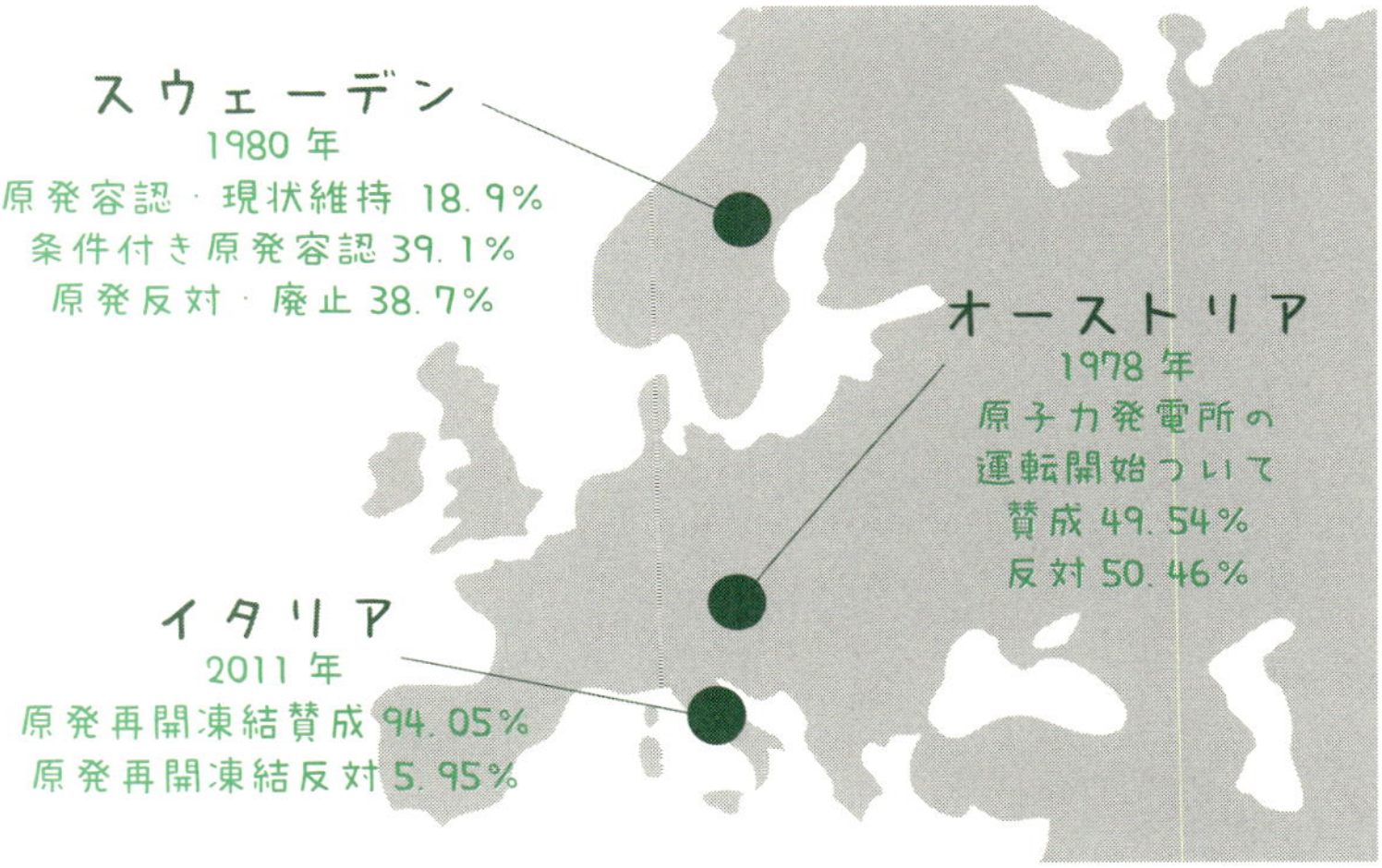
スウェーデン
1980年
原発容認・現状維持 18.9%
条件付き原発容認 39.1%
原発反対・廃止 38.7%
オーストリア
1978年
原子力発電所の
運転開始ついて
賛成 49.54%
反対 50.46%
イタリア
2011年
原発再開凍結賛成 94.05%
原発再開凍結反対 5.95%

■福島第一原発事故以降のヨーロッパの脱原発の動き

ドイツ	2022年までに原発を廃止
スイス	2034年までに原発を廃止
オーストリア	ヨーロッパ全域に原発の廃止を呼びかけ
イタリア	原発再開を無期限凍結

オーストリアでは1978年に、自国初となる原発の運転開始の是非を問う国民投票が行われ、反対がわずかに勝ち、以後原発がつくられることはありませんでした。何度か原発に関する国民投票が行われているイタリアも、福島第一原発事故の後にまた国民投票が行われ、原発再開凍結派が圧勝。そのほかのヨーロッパの国々も福島第一原発事故を受けて次々と原子力政策を見直しました。そんななか、当事国であるはずの日本の動きは依然鈍いままです。

Part Ⅱ

未来のエネルギーと私たちの選択

Q38 仮に原発を止めても、すぐに自然エネルギーを導入するのは無理なのでは?

A そもそも、自然エネルギーという選択肢は原発の代替ではありません。

「自然エネルギーによる発電量は少ないから、原発の替わりのエネルギーにするのは非現実的」という意見をよく聞きますが、これは完全なる勘違いです。

現に、日本の発電設備は原発がなくても、十分に需要をまかなうことができます。

自然エネルギーを増やさなければいけない理由は、私たちと未来の世代が豊かな社会で暮らしていくという目標のためであり、電力が足りるか足りないかという問題とはまったく関係ないのです。

たとえ原発がなくなっても、限りある資源を好きなだけ使ってCO_2を増やし、未来に迷惑をかけるような暮らし方をしていては意味がありません。

未来を生きる人たちのことを考えれば、自然エネルギーという選択肢に行き着くのは必然的なことでしょう。

節電を取り入れつつ自然エネルギーを増やし、徐々に原発や化石燃料への依存を減らしていくというのが、私が目指す「エネルギーシフト」への道すじなのです。

■エネルギーシフトへのロードマップ

環境エネルギー政策研究所（ISEP）の提案する
エネルギーシフトへのロードマップ

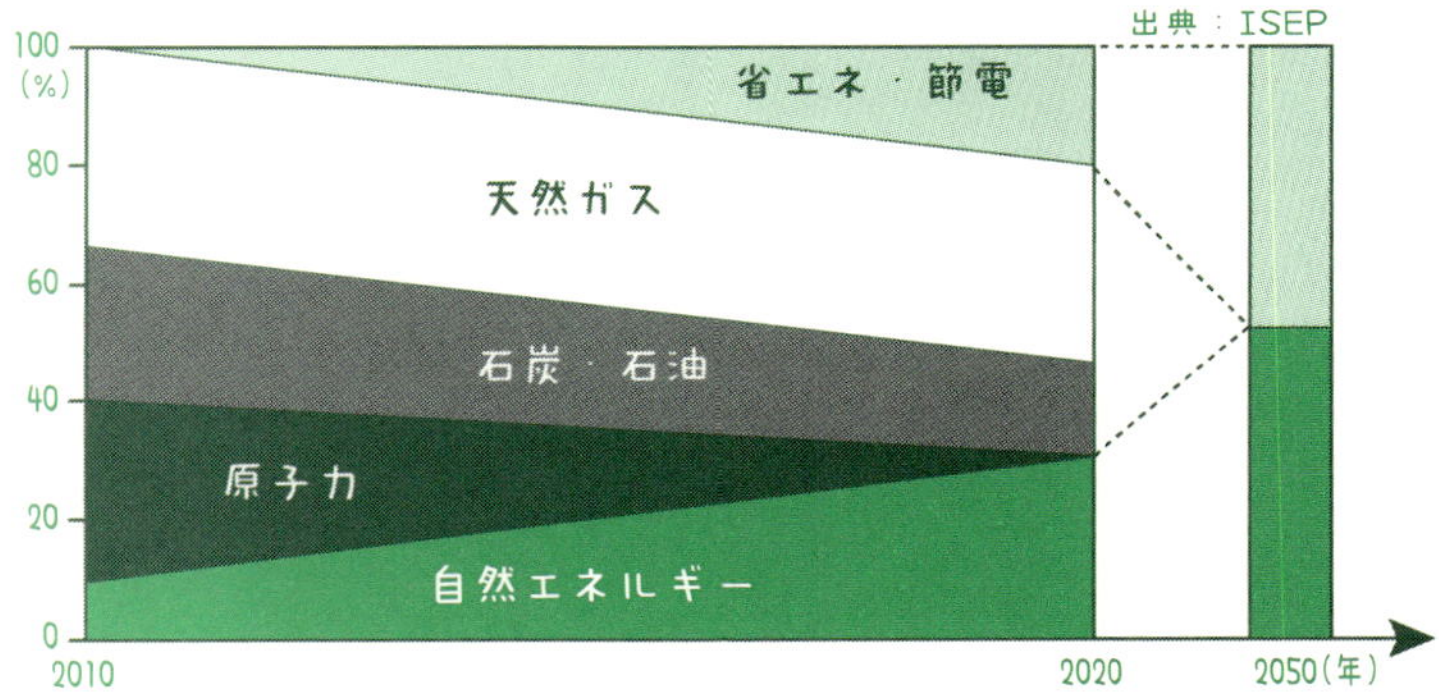

2050年に自然エネルギーを5倍へ

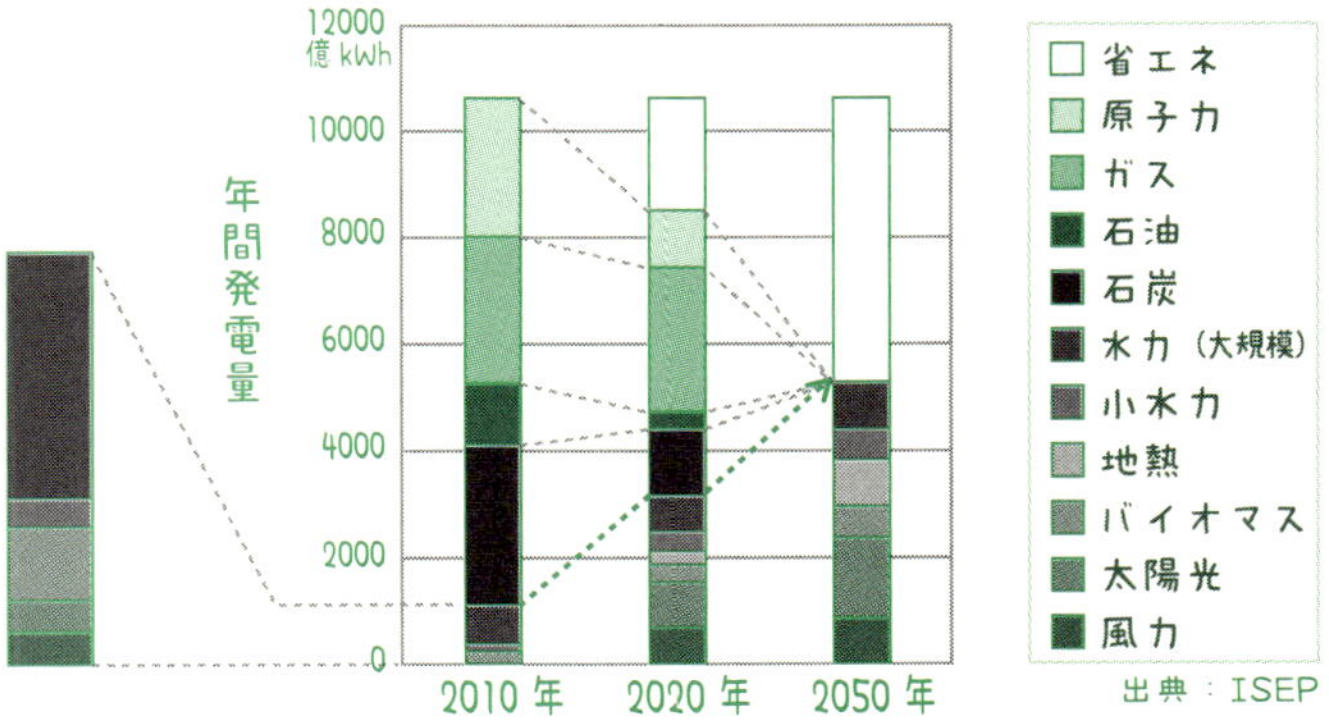

たとえば、上の図のように原発を2020年までに全廃し、化石燃料への依存も減らすとともに、省エネを進め、自然エネルギーを増やします。すると2050年には、現在約1000億kWhの自然エネルギー年間発電量が5000億kWhに増え、化石燃料もゼロ。つまり持続可能な社会が実現できるというわけです。

Q39 風力とか太陽光発電だと、電力の供給が不安定になるのでは？

A いいえ。電力の供給量が変動しても特に問題はありません。

当然、太陽光発電や風力発電の発電量は、天候によって変動します。しかし、だからといって、そうした自然エネルギー主体の電力体制になったとたん、停電などのリスクが高まるというのは早計です。

実は、私たちが今現在使っている電力の供給量も、常に変動しています。当たり前のことですが、天候や時間によって電力の需要量は変わるわけですから、それに合わせて供給量も調節しなければなりません。

そうなると、原発は出力調整がききませんので、需給量の調整役を担うのは、天然ガスや水力発電となるわけです。

これは、自然エネルギーを導入しても変わりません。たとえば、スペインは風力発電を中心とする自然エネルギーを主な電力源（ベース電源）としていますが、うまくバランスをとっているため、停電が頻発するような事態を引き起こすようなことはありません。

もちろん、風力や太陽光発電の数が増えれば、多彩な自然エネルギー同士で供給量の調節も可能になるでしょう。

■日本とスペインの電力組み合わせモデルの比較

資源エネルギー庁作成の日本の電力の組み合わせモデル

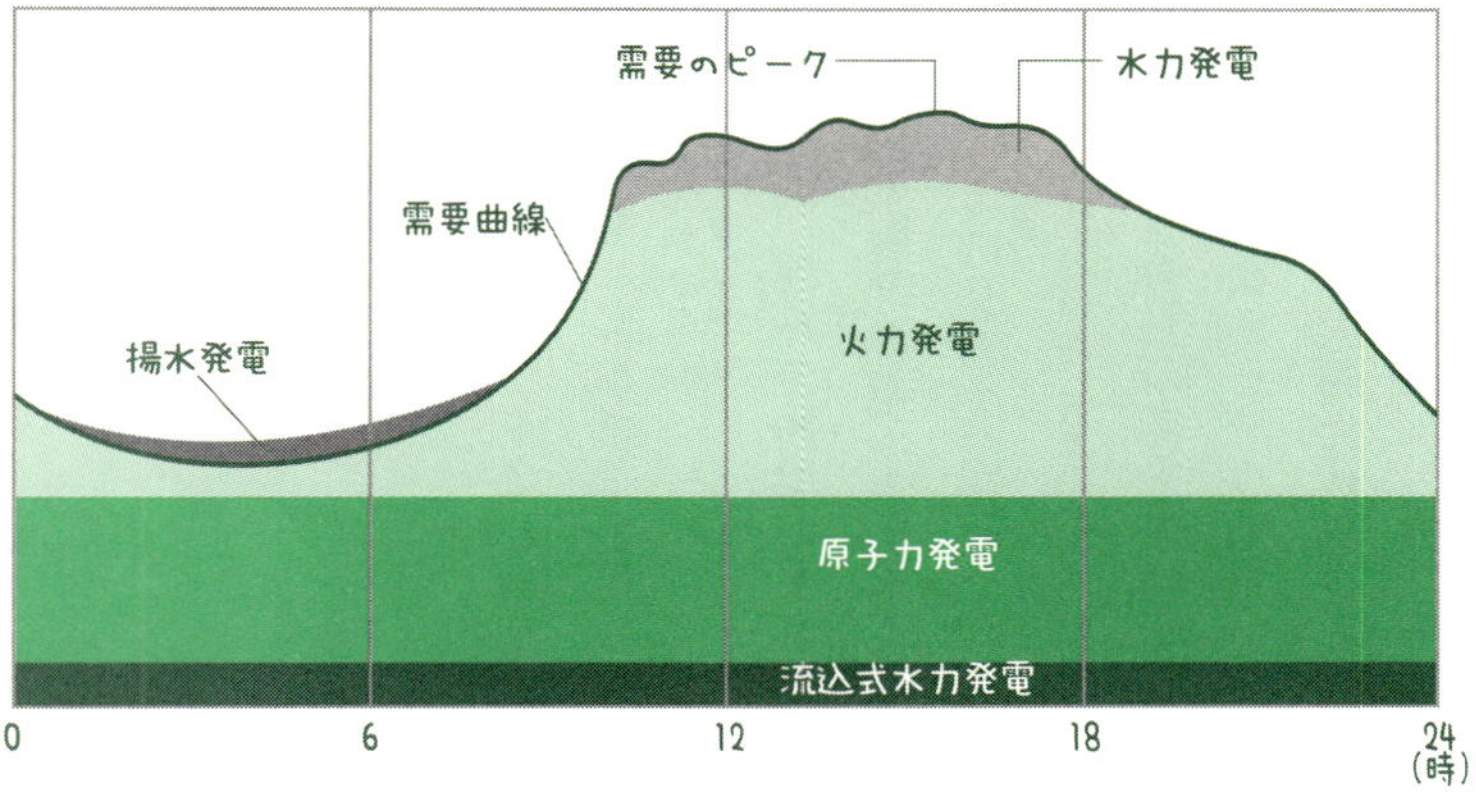

需要のピーク
水力発電
需要曲線
揚水発電
火力発電
原子力発電
流込式水力発電
0
6
12
18
24
(時)

自然エネルギーをベースにするスペインの例

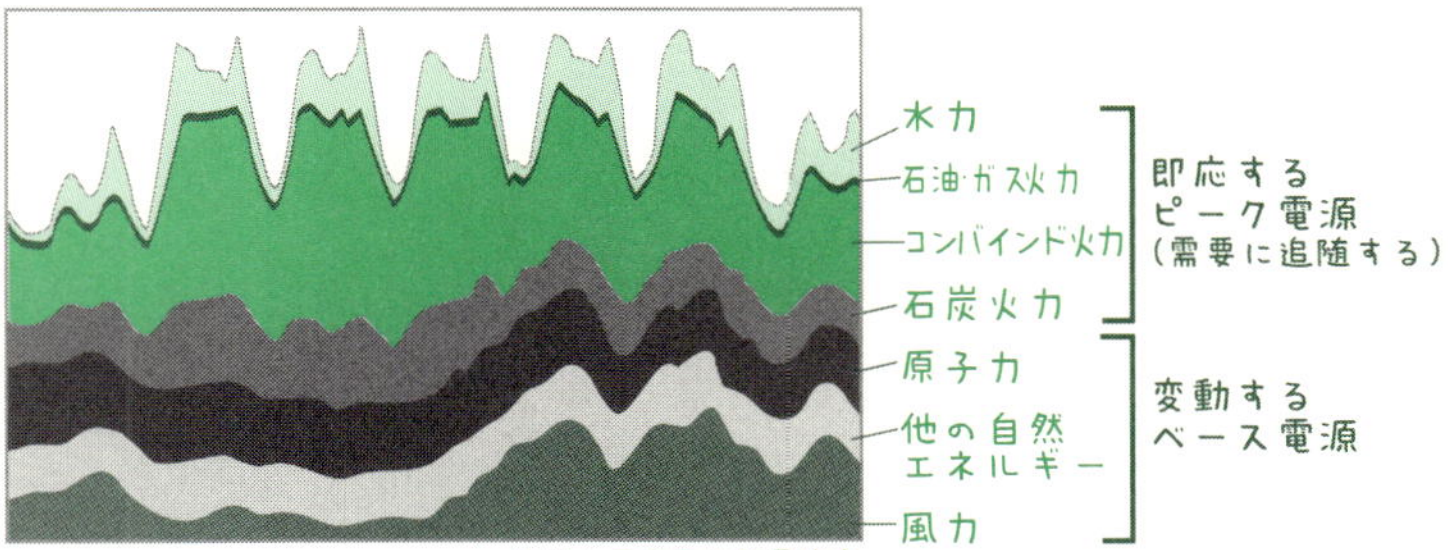

水力
石油ガス火力
コンバインド火力
石炭火力
原子力
他の自然エネルギー
風力
即応するピーク電源（需要に追随する）
変動するベース電源

出典：日本風力発電協会

日本の電力組み合わせモデルは一見安定しているように見えますが、原発は出力の調整がきかないため、結局のところ火力や水力発電による需要に合わせた調整が必要になります。一方、風力をはじめとした、発電量が変動する自然エネルギーをベース電源とするスペインでも、火力や水力発電などによって供給を補っています。このように全体で調整すれば、供給が変動する自然エネルギーを導入してもまったく問題はありません。

Q40

実際、太陽の光ってどれくらい発電に役立つの？

A

太陽光は強力な発電パワーを持っています。

誰にでも公平に降り注ぐ太陽光は、実はとてつもない発電エネルギーを秘めています。ヨーロッパの「デザーテック」というプロジェクトでは、サハラ砂漠の１００km四方の面積に集中太陽熱発電（太陽光の熱でタービンを回す発電方法）の装置を設置すると、ヨーロッパ中の電力がまかなえると試算しています。これをさらに３００km四方に増やせば、全世界の電力をまかなえるそうです。

一方、日本では太陽光パネルを使った太陽光発電が行われてきましたが、問題はパネルの設置場所とされてきました。

しかし環境省の調査によると、国土の５％にパネルを設置すれば、２億kWを超える規模の発電が可能です。つまり、休耕田や遊休地、あるいは建物の屋根など、はなから空きスペースとなっている場所を使えば、太陽光発電だけでも、現在の日本の電力設備の発電量を十分カバーできるというわけです。

このように、太陽光を使った発電方法は、世界中で電力供給の主役となる可能性を秘めた、力強いエネルギー源なのです。

■太陽光がもつオドロキの発電エネルギー

イラストの小さい四角が、サハラ砂漠の 100km 四方にあたります。この面積に集中太陽熱発電設備を設置すれば、EU 全体の電力がまかなえ、さらに 300km 四方で、なんと世界全体の電力がまかなえるそうです。太陽の光には、石油・石炭、原子力発電のおよそ1万倍ものエネルギーがあるといわれます。

Q41 世界的にも自然エネルギー導入を進めているのはごく一部の国でしょう？

A いいえ。先進国も新興国も積極的に導入しています。

世界の国々では、自然エネルギーの導入が積極的に進められています。

世界の自然エネルギー事情をリードするのがヨーロッパ諸国です。スウェーデンやフィンランドなどの北欧がバイオマス発電の導入を進め、地域暖房の社会モデルを提示しました。デンマークでは風力発電の利用が拡大し、ドイツやスペインにその流れが広がると、世界的に市場も拡大していきました。

ヨーロッパのなかでも特筆すべきはドイツです。２０００年から10年間で自然エネルギーを6％から17％まで増やした実績は、脱原発後の日本のモデルになるでしょう。

新興国の自然エネルギー市場への参入も目覚ましく、中国は、アメリカを抜いて世界でもっとも風力発電量の多い国となりました。

こうした流れのなか、日本は唯一、自然エネルギー市場が縮小する国となっています。自然エネルギーの特徴である「地域分権」が、国のエネルギー政策をゆるがすとして、国と電力会社が共犯関係となり、自然エネルギーの拡大を阻んできたからです。

■自然エネルギーの割合が多い主な国

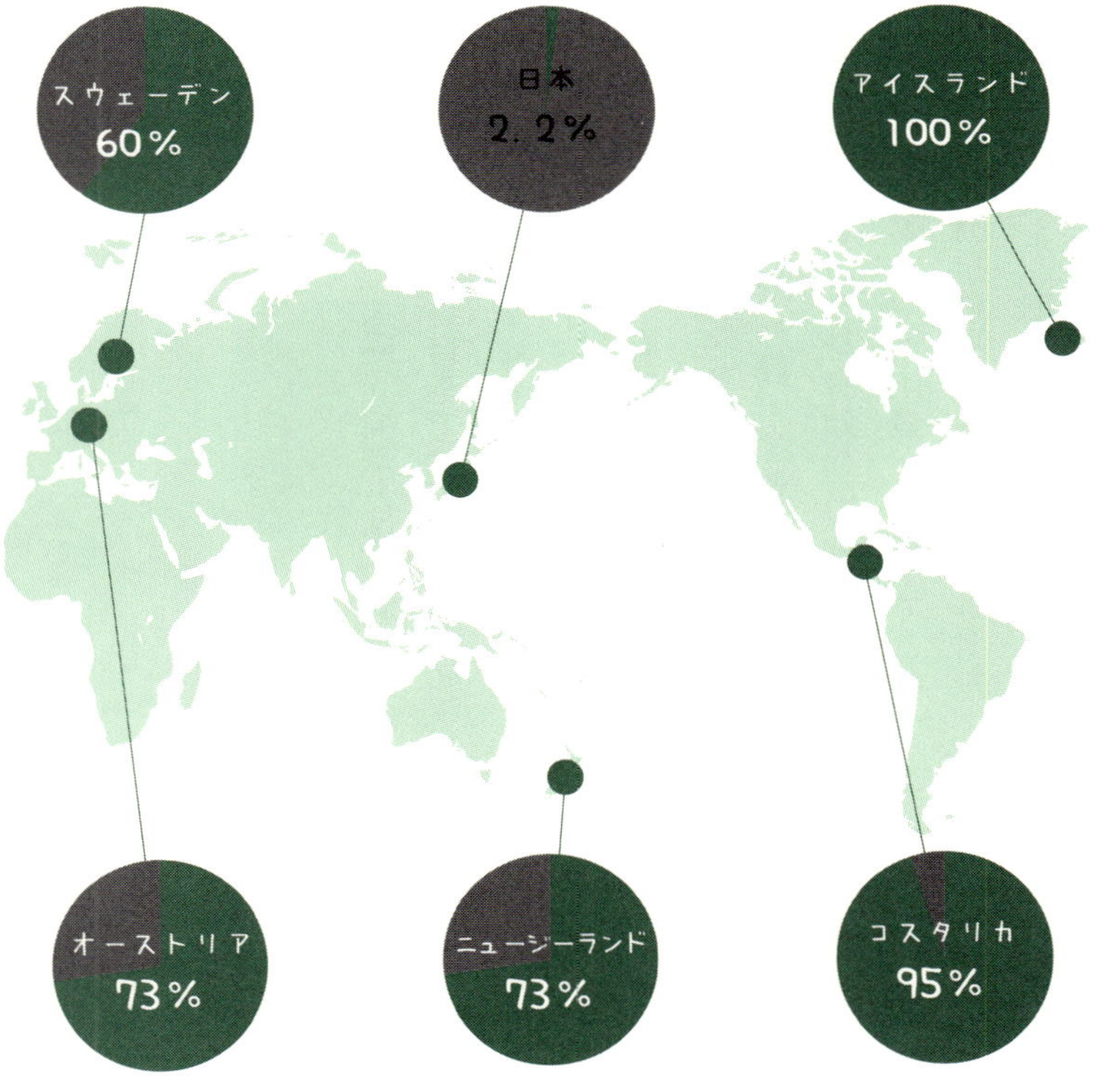
スウェーデン
60%
日本
2.2%
アイスランド
100%
オーストリア
73%
ニュージーランド
73%
コスタリカ
95%

出典：ISEP『世界エネルギー白書 2011』

スウェーデンやオーストリアといったヨーロッパではバイオマス発電が盛んに行われ、火山国であるアイスランドは地熱発電の導入が進んでいます。コスタリカも自然エネルギーの導入を進め、2021年までに CO_2 排出をゼロにすると宣言しました。ニュージーランドは2025年までに自然エネルギーを90%に増やすとしています。このように世界各国で、自然エネルギー導入が積極的に進められています。

Q42 自然エネルギーと一口に言うけど、日本で使えるものは限られているのでは？

A 南北に長い日本の土地の特性を生かして、さまざまなエネルギーを利用できます。

自然エネルギーは太陽光発電と風力発電ばかりではありません。日本では、土地の特性や環境を生かしたさまざまな発電方法が可能です。その一部を紹介しましょう。

バイオマス発電は、有機物を燃焼、ガス化あるいは発酵させて得られる熱を利用する発電方法。家畜の糞や一般・産業廃棄物など、日本人が多く出すゴミを有効利用できます

年間降水量が多く、河川豊かな日本でこれから期待できるのが小水力発電。少ない出力ながらもさまざまな環境で発電でき、環境に負荷が少ないのも特徴です。

火山大国である日本の特徴に合った発電方法が地熱発電です。現在は17カ所の発電施設があり、エネルギー全体の0・23％を発電しています。

ほかにも、研究が進められているエネルギーとして、波力や潮力発電、海洋温度差発電などの海洋エネルギー、地中熱やバイオ燃料などが挙げられます。

このように、実は日本でもさまざまな自然エネルギーが利用可能なのです。

■日本で利用されている自然エネルギー

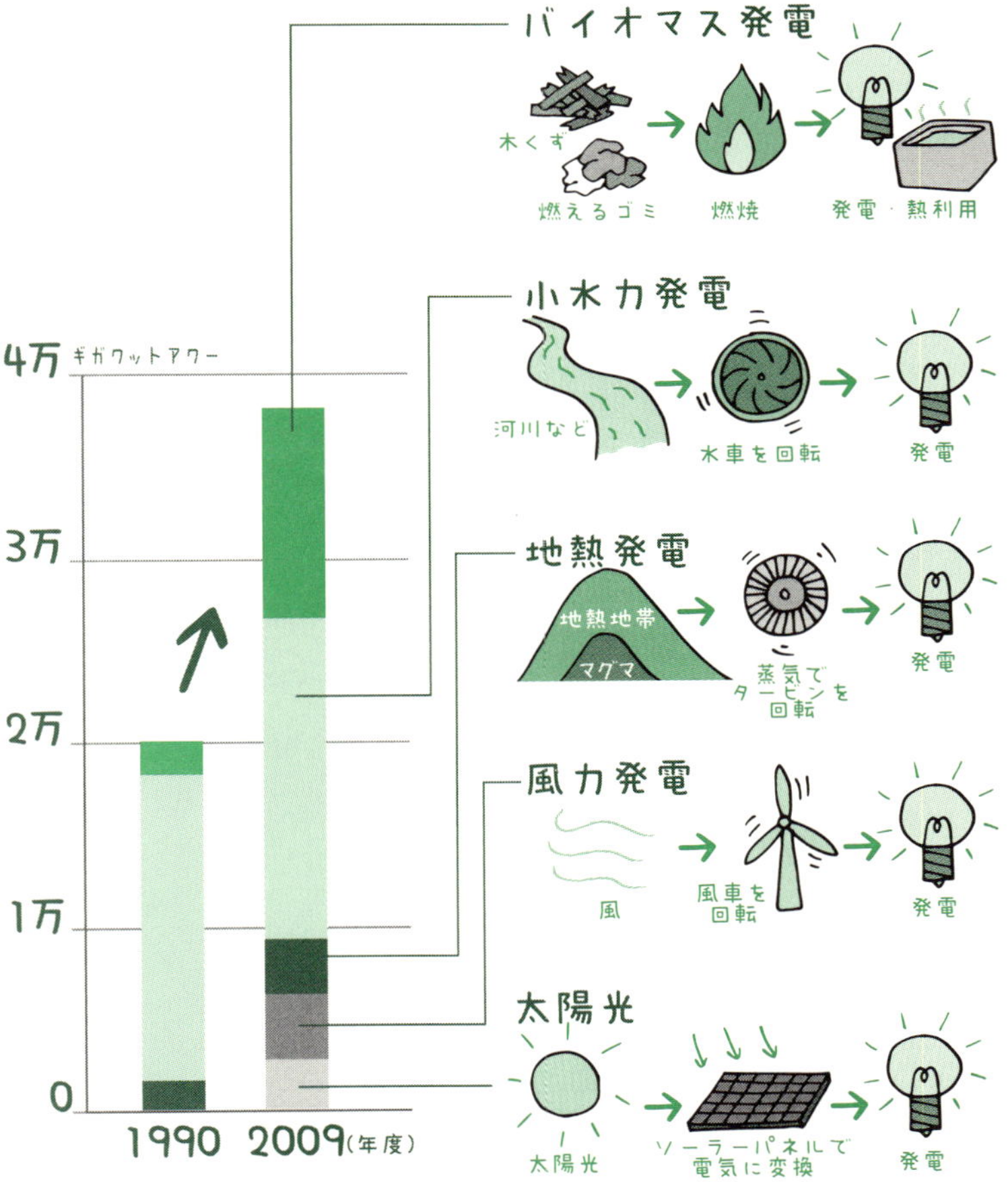
4万 ギガワットアワー
3万
2万
1万
0
1990
2009(年度)
バイオマス発電
木くず
燃えるゴミ
燃焼
発電・熱利用
小水力発電
河川など
水車を回転
発電
地熱発電
地熱地帯
マグマ
蒸気でタービンを回転
発電
風力発電
風
風車を回転
発電
太陽光
太陽光
ソーラーパネルで電気に変換
発電

日本では、バイオマス、小水力、地熱、風力、太陽光といったさまざまな自然エネルギーが、土地ごとに異なる気候風土に合わせて利用されています。さらに、海に囲まれた日本ならではの、海洋エネルギーの研究も進められています。

Q43 自然エネルギーって、まだまだ発展途上なんでしょ？

A すでに十分実用化しており、今後もさらに伸び続けるでしょう。

世界的に見ると、風力、太陽光発電などの導入は急速に拡大しています。つまり、自然エネルギーは発展途上どころか、世界では即戦力として存分に活用されているエネルギーだということです。

２０１１年には、およそ原発23基分の太陽光発電設備が、風力発電に至ってはなんと原発48基分もの設備ができました。それもたった1年の間に、です。

さらにこの先も、自然エネルギーの発電量は、年々倍くらいの勢いで、まだまだ伸びていくことが予想されています。自然エネルギーが、世界を席巻する日も近いと言ってもいいかもしれません。

一方、原発はというと、２０００年代を通して停滞しながら、徐々に減っていることがわかります。さらに、早くから原発を導入したアメリカやヨーロッパでは、それらの老朽化が進みつつあり、規模の縮小はどんどん加速されていくことでしょう。

エネルギーの世代交代が世界的に進んでいることは、誰の目にも明らかです。

■世界の自然エネルギー事情

風力、太陽光、原子力の発電量の推移

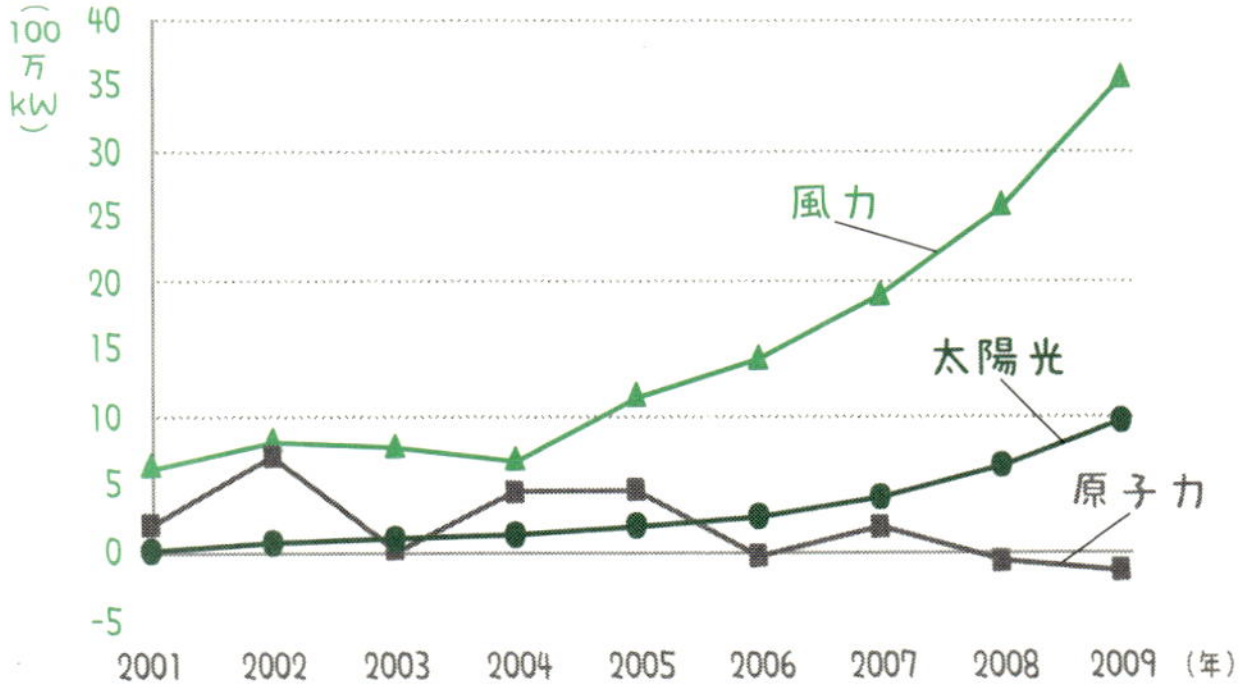

出典：ISEP

世界の太陽発電の累積設備容量

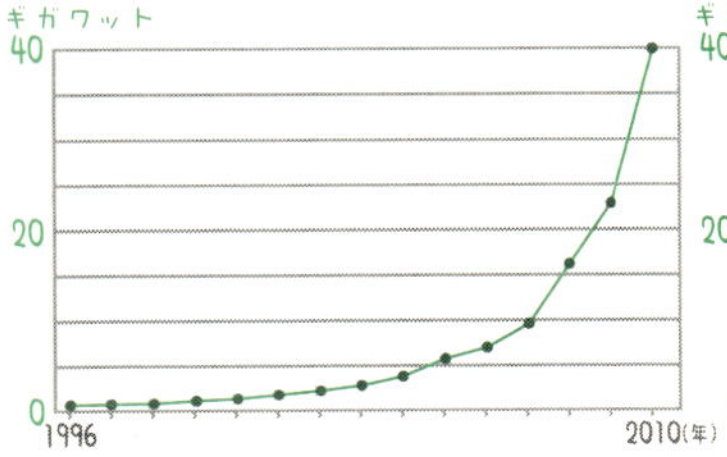

世界の風力発電の累積設備容量

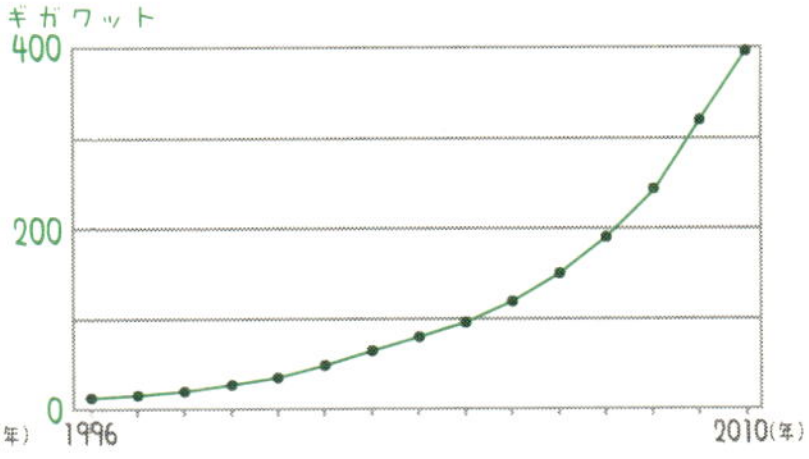

出典：REN21

グラフ(上)は、単年度で見た世界の風力、太陽光、原子力の発電量の推移です。低迷を続ける原子力に対し、風力と太陽光発電が急激に伸びています。風力、太陽光発電ともにヨーロッパが中心となって設備を増やしてきましたが、近年は中国をはじめとしたアジアの国々も積極的に設備導入を進めています。

Q44 自然エネルギーのコストは、ほかの発電方法と比べて高いのでは？

A いいえ。発電設備をつくればつくるほどコストは下がっています。

近年、風力、地熱発電は、火力発電にも負けないくらい、コストが下がってきました。高コストな自然エネルギーの象徴ともいうべき太陽光発電も、ヨーロッパでは1kWhあたりの発電コストが20円ほどまで下落。日本でも30円前後と、普及、技術革新などによりコストが下がってきました。

また、自然エネルギーのコストを考えるうえで一番重要なのが、自然エネルギーは発電設備をつくればつくるほどコストが下がる、唯一のエネルギーだということです。

これは「小規模分散型技術」に見られる特徴で、液晶テレビや携帯電話がいい例です。液晶テレビは、かつて32インチでおよそ30万円もしましたが、需要が伸びるとともに、ここ6〜7年で、同型が3万円程度で買えるまでになりました。

自然エネルギーの技術にも、これから同じことが起こってくるでしょう。

つくればつくるほどお金がかかる原発。その正反対に位置するのが、自然エネルギーをめぐる技術なのです。

■どんどん安くなる自然エネルギーの発電コスト

普及にともない低減する自然エネルギー発電設備の導入費用

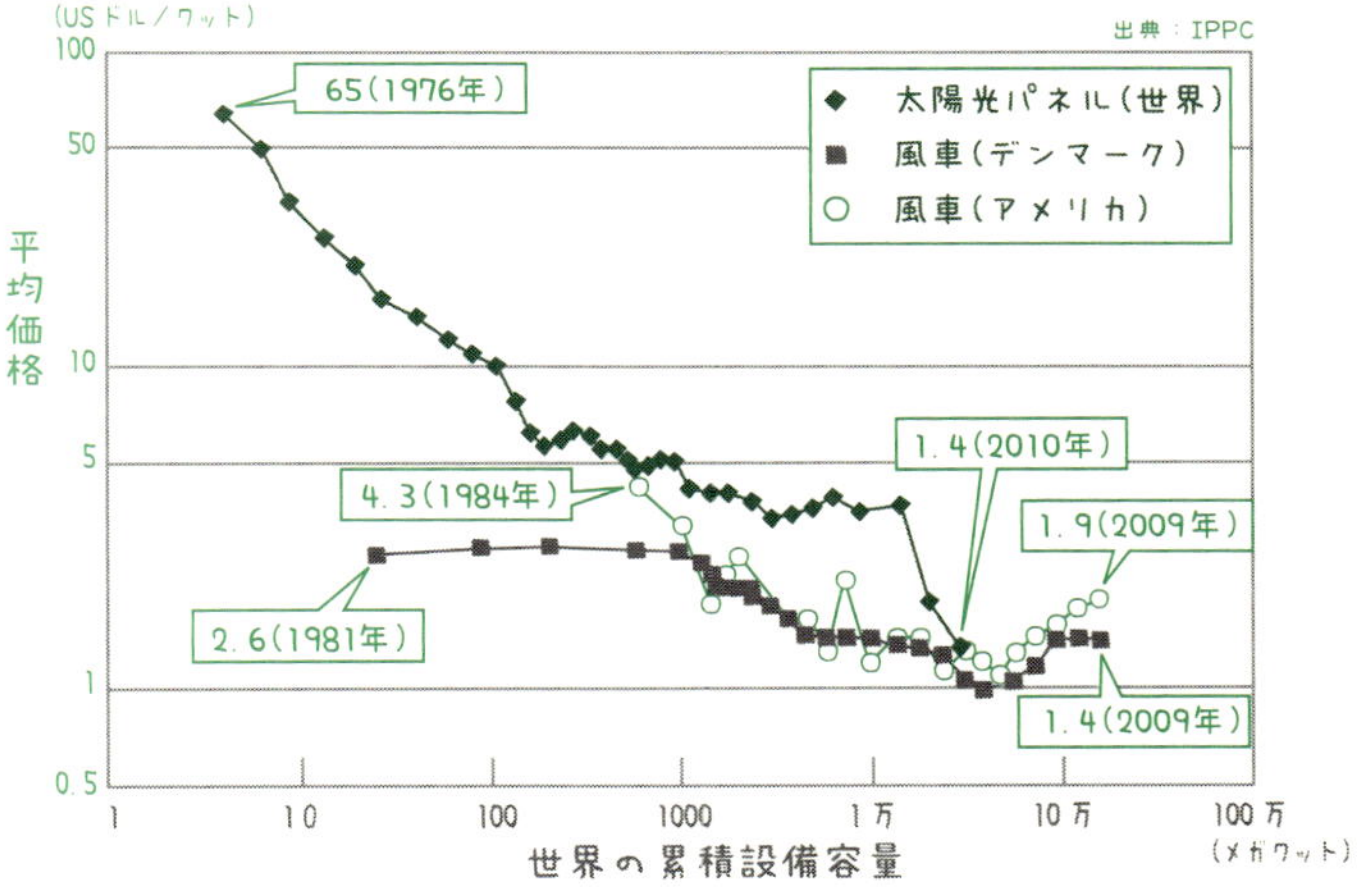

(USドル／ワット)
出典：IPPC
100
50
10
5
1
0.5
平均価格
太陽光パネル(世界)
風車(デンマーク)
風車(アメリカ)
65(1976年)
4.3(1984年)
2.6(1981年)
1.4(2010年)
1.9(2009年)
1.4(2009年)
1
10
100
1000
1万
10万
100万
(メガワット)
世界の累積設備容量

太陽光発電と原子力発電のコストの推移

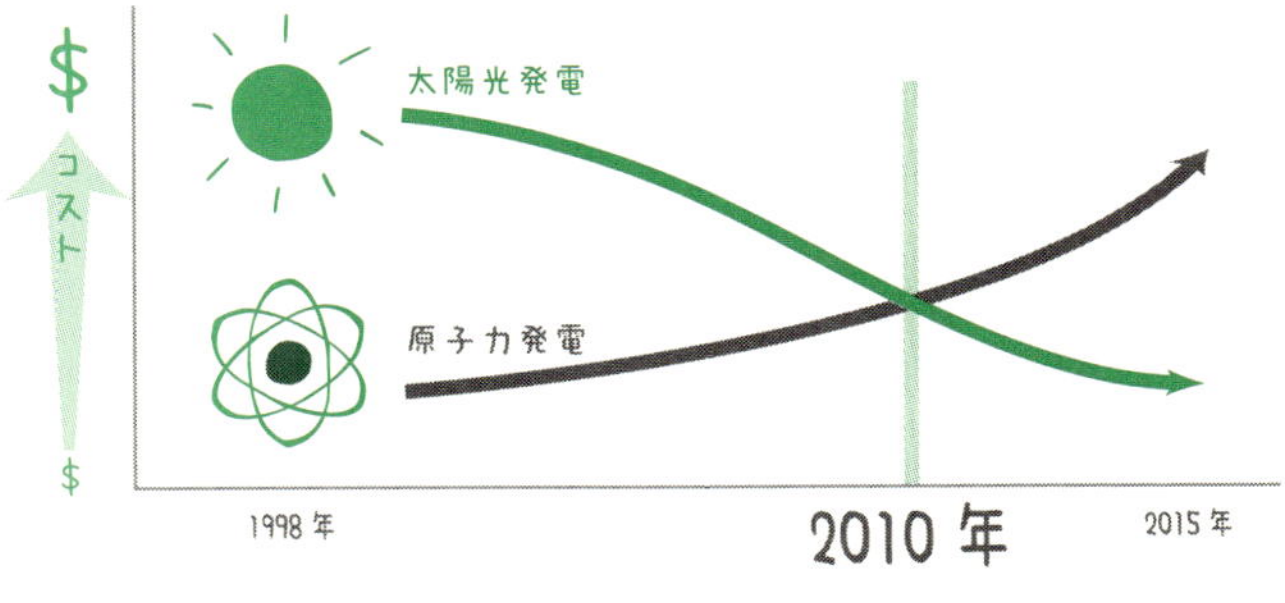

$
コスト
$
太陽光発電
原子力発電
1998年
2010年
2015年

普及すればするほど安くなるのが、太陽光発電や風力発電といった小規模分散型技術の特徴です。グラフ（上）を見ると、2010年の太陽光発電のコストは、1976年に比べて、数十分の一の程度になっています。また、2010年、アメリカでは原子力と太陽光の発電コストが逆転しました。

Q45 そもそも、自然エネルギーは本当に環境にやさしいの？

A 未来に悪影響をおよぼさない唯一のエネルギーです。

自然エネルギーは、CO_2を排出せず、限りある化石燃料も使わない、私たちが選択できるなかで、唯一、未来の世代に迷惑をかけないエネルギーです。けれども、人間が自然環境のなかに人工物を設置すれば、当然、自然に何らかの影響を与えてしまいます。

風力発電をつくる時によく問題になるのが、「低周波」「鳥への悪影響」「景観」の3点。

しかし国土全体に風力発電が設置されているデンマークでは、反対運動はありません。その理由として、土地の利用計画がしっかりなされていることが挙げられます。

さらに、何より風車は地域住民の持ち物であり、その管理・運営方法を決めるのもほかならぬ住民自身だからです。

同じデンマークのサムソ島は、ラムサール条約に登録されている貴重な野鳥の生息地ですが、住民同士で対策を講じ合うことにより、うまく風車と共存しています。

このように、発電設備設置の際に、しっかりとしたルールや環境に配慮した予防策を設ければ、多くの問題は回避できるのです。

■私たちの生活と共存できる自然エネルギー

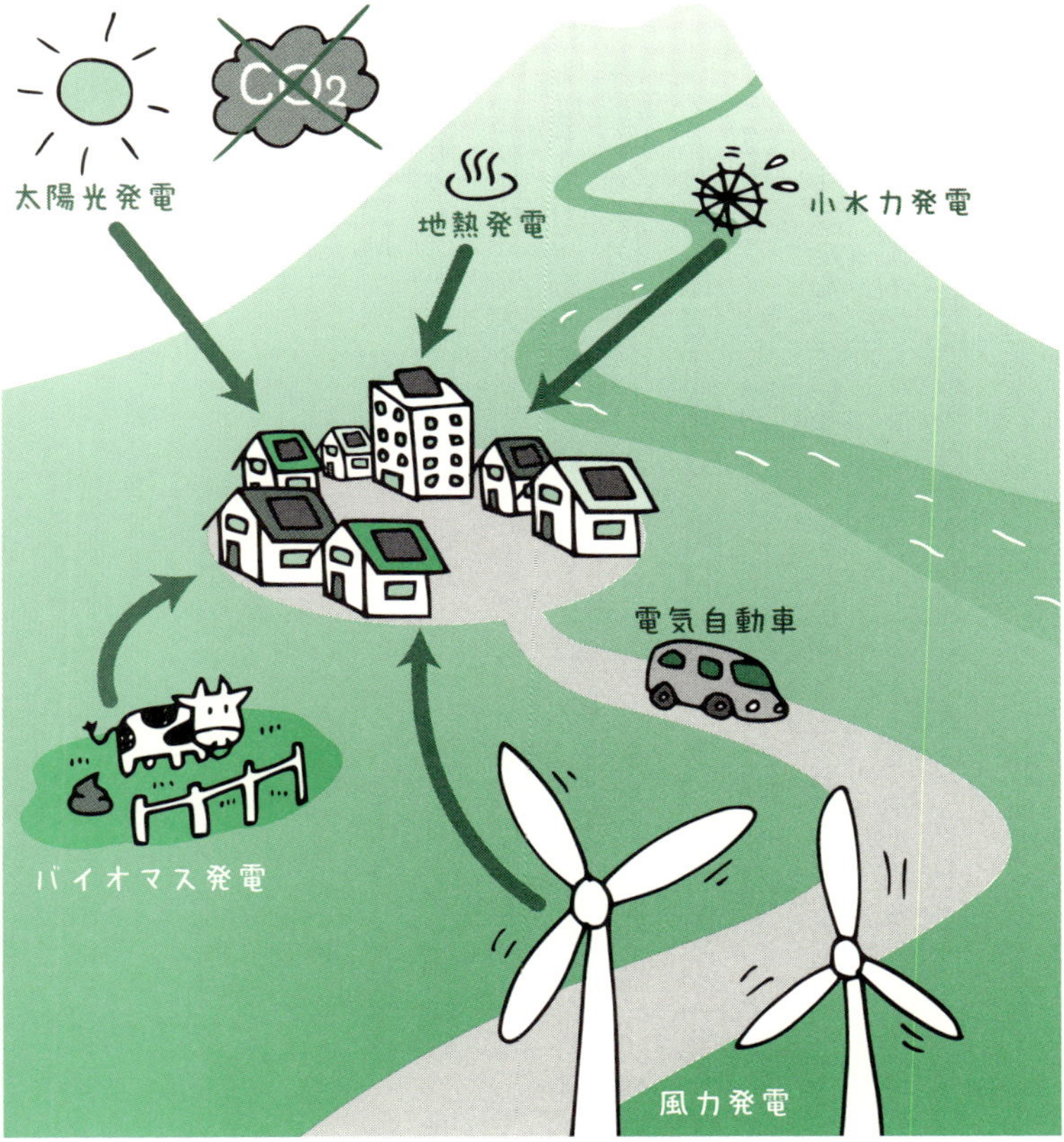
CO_2
太陽光発電
地熱発電
小水力発電
電気自動車
バイオマス発電
風力発電

原発や大規模な火力発電、水力発電といった従来の発電方法と違い、環境にやさしいから私たちの生活とも共存できる、小規模分散型の自然エネルギー。将来は、ITのネットワークでエネルギーの需要と供給を管理し、賢く自然エネルギーを導入する、「スマート・コミュニティ」も登場するでしょう。

Q46 日本で自然エネルギーが実用化されるのは、まだまだ先でしょ？

A いいえ。すでに日本でも導入されている地域が数多くあります。

私の所属する環境エネルギー政策研究所と千葉大学倉阪研究室の共同研究の結果、日本には、自然エネルギーの供給が需要の１００％以上を上回る地域が、57もあるということが判明しました。

このうち、たとえば岩手県の葛巻町《くずまき》は、風力発電所を12基建て、およそ1万６０００世帯の消費電力をまかなっています。これは同町の電力需要の２００％にもなります。

また、こうした地域は食料自給率も高く、26の町村で１００％を超えています。

このような地域が、エネルギー自給率の低い都市などに売れば、地元は潤《うるお》い、地域格差の解消にもつながるのです。

この際に大切なのは、住民の手で発電設備を持つこと。現に、市民出資の発電設備のさきがけとして、「北海道グリーンファンド」の風車「はまかぜちゃん」（北海道浜頓別町《はまとんべつ》）や、「おひさまエネルギーファンド」の太陽光発電（長野県飯田《いいだ》市）などがあります。

このように、自分たちの発電所を持つ動きは、着々と広がりつつあるのです。

■自然エネルギー導入が進む日本の地域

自然エネルギー供給の割合が
100%以上の地域がある市町村

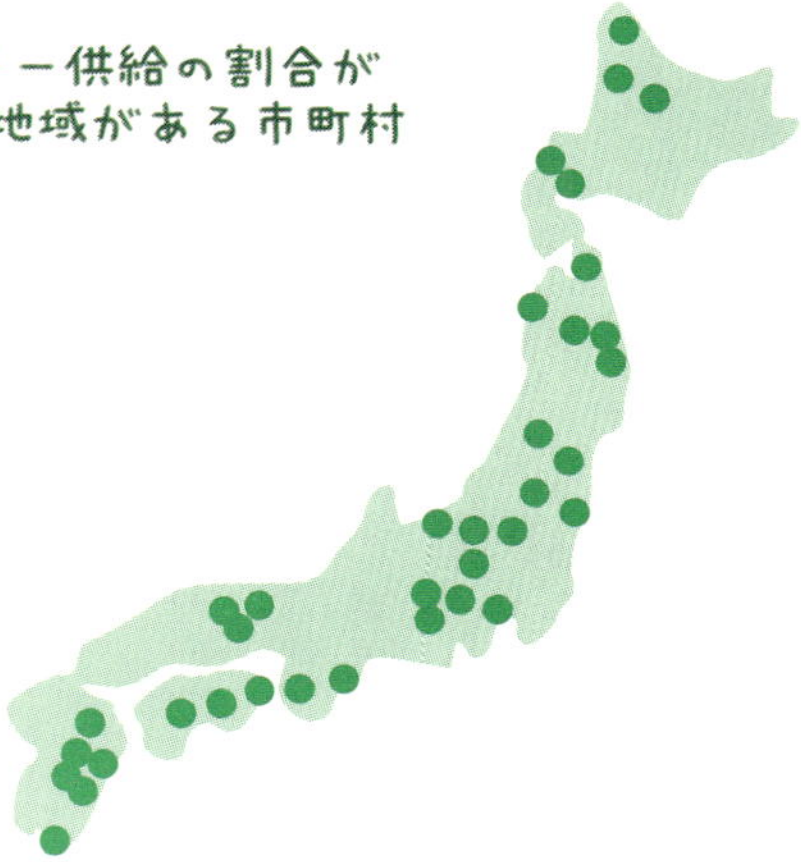

自然エネルギー供給の割合が10%以上の都道府県

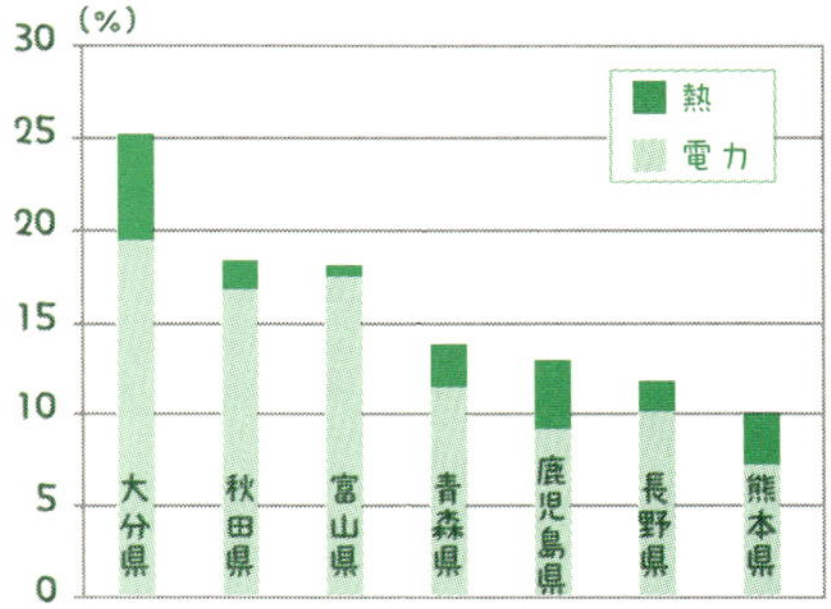

実は、日本でも自然エネルギーの導入が進んでいる地域はあります。自然エネルギー供給の割合が需要の100%を超える町村はなんと日本に57も存在し、そのうちの26町村は、食料自給率も100%以上。このように資源が無駄なく循環している場所を「永続地帯」と呼びます。

Q47 将来的に見ても、自然エネルギーだけで電力をまかなうのは無理なのでは？

A 世界では自然エネルギー１００％を実現している地域があります。

自然エネルギーだけで電力をまかなうのは、けっして不可能なことではありません。

それを世界にさきがけて実践しているのが、デンマークにある人口約４３００人の小さな島、サムソ島です。島のかつてのエネルギー自給率はたった４％でしたが、10年かけて１００％に伸ばし、自然エネルギーだけで島の全電力をまかなえるようになりました。

島民が所有する風車で電気をつくり、余った分は電力会社に売って、島民の収益としています。

このサムソ島をヒントに、自然エネルギー１００％の自給自足を目指しているのが、山口県上関町の祝島です。

上関原発に対する反対運動のさなか、「上関原発を建てさせない祝島島民の会」代表の山戸《やまと》貞夫《さだお》さん、映画監督の鎌仲《かまなか》ひとみさん、そして私で「祝島自然エネルギー１００％プロジェクト」を立ち上げました。

補助金に頼るだけが地域が生き延びる道ではありません。祝島はきっと、将来新しい地域づくりのモデルになってくれるでしょう。

■自然エネルギー100%の島　サムソ島

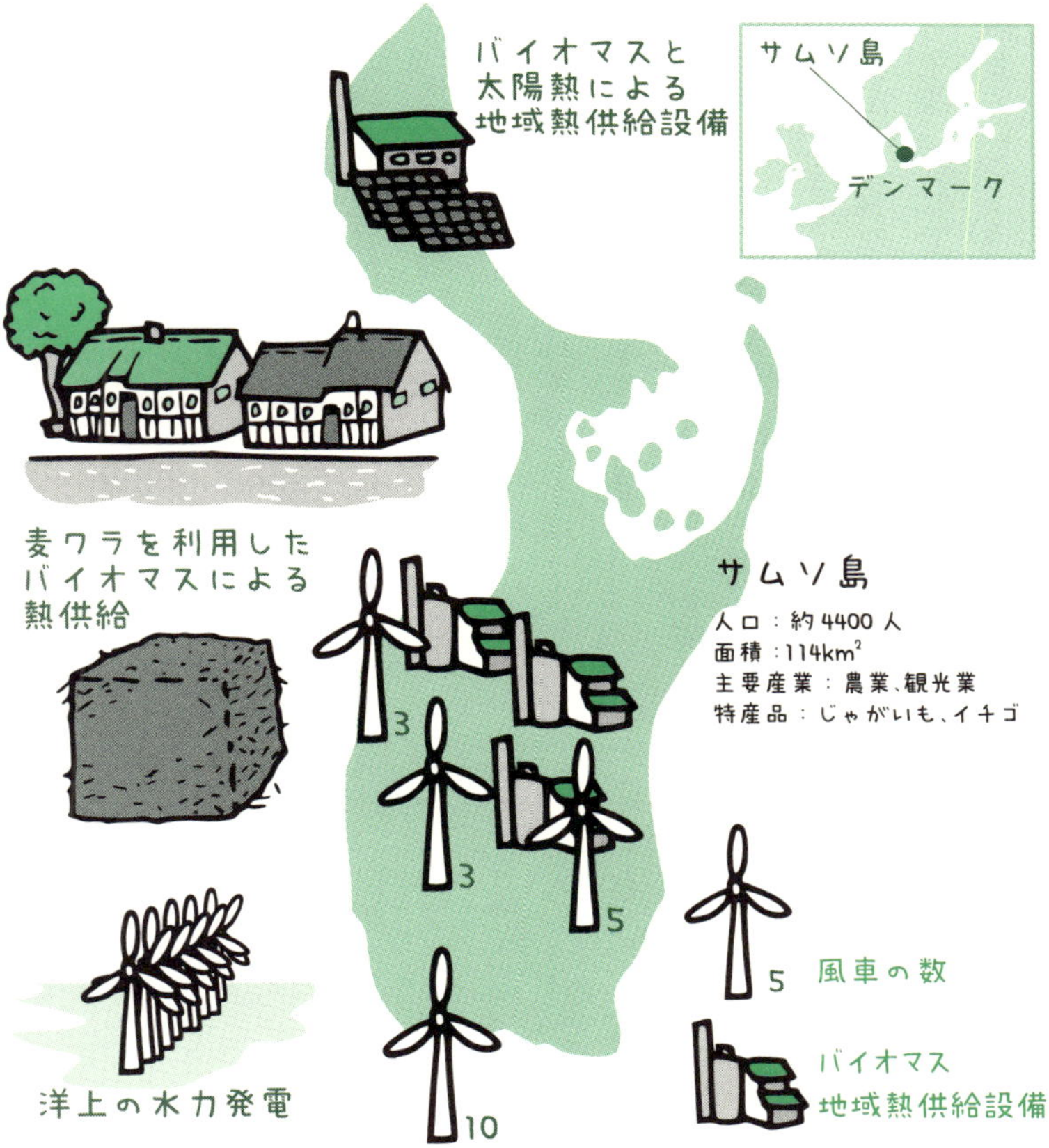
バイオマスと
太陽熱による
地域熱供給設備
サムソ島
デンマーク
麦ワラを利用した
バイオマスによる
熱供給
サムソ島
人口：約4400人
面積：114km²
主要産業：農業、観光業
特産品：じゃがいも、イチゴ
3
3
5
5
10
風車の数
バイオマス
地域熱供給設備
洋上の水力発電

100%自然エネルギーの島として世界から注目を集めるデンマークのサムソ島。自然エネルギー導入により観光客も増え、経済効果も高まりました。「エネルギーシフト」で地域が活性化した好例といえるでしょう。

Q48 自然エネルギーを導入すると、地域はどんなふうに変わるの?

A エネルギーの地《ち》産地《さんち》消《しょう》で、地域が活性化します。

現在の日本の地域社会は、電力会社による「エネルギーの植民地」状態といっても過言ではありません。

冬が厳しい東北地方や日本海側では、1年間の光熱費が数十万円にも上ります。

人口１０８万人、40万世帯が暮らす秋田県では、年間１０００億円を超えるお金が、光熱費として県外に流失しています。これは、県の特産品「あきたこまち」の売り上げとほぼ同じ金額。これでは、傷口から流れる血液を放置しているようなものです。

では、自然エネルギーの発電設備を県民自らが持ち、エネルギーを「地産地消」するとどうなるのでしょう?

その最大のメリットは、それまで光熱費として失われていたお金を地域の中で回すことができるようになり、雇用も生まれ、地域経済が活性化していくこと。さらには、余った電力を都市に売ることによって、新たな収入源を得られるかもしれません。

無論、エネルギーの地産地消は、東日本大震災の復興にも大きく貢献するはずです。

■電力ネットワークを地域で融通し合うと……

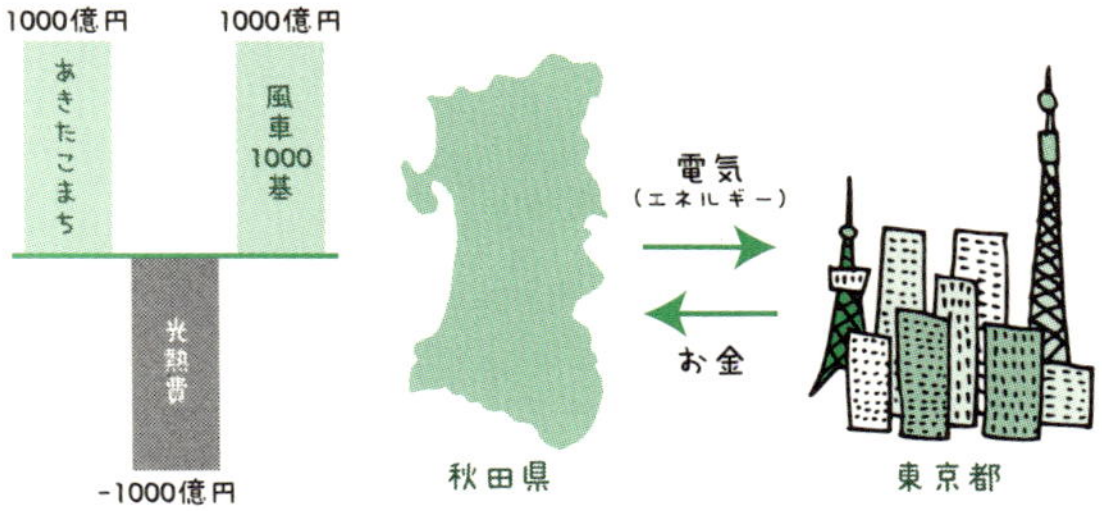

秋田県に風力発電設備を
1000基つくった場合

秋田県に風力発電の設備を1000基導入すれば、県外に流失していたおよそ1000億円分の光熱費を県内で循環できます。余ったエネルギーを都市に売ることも可能です。

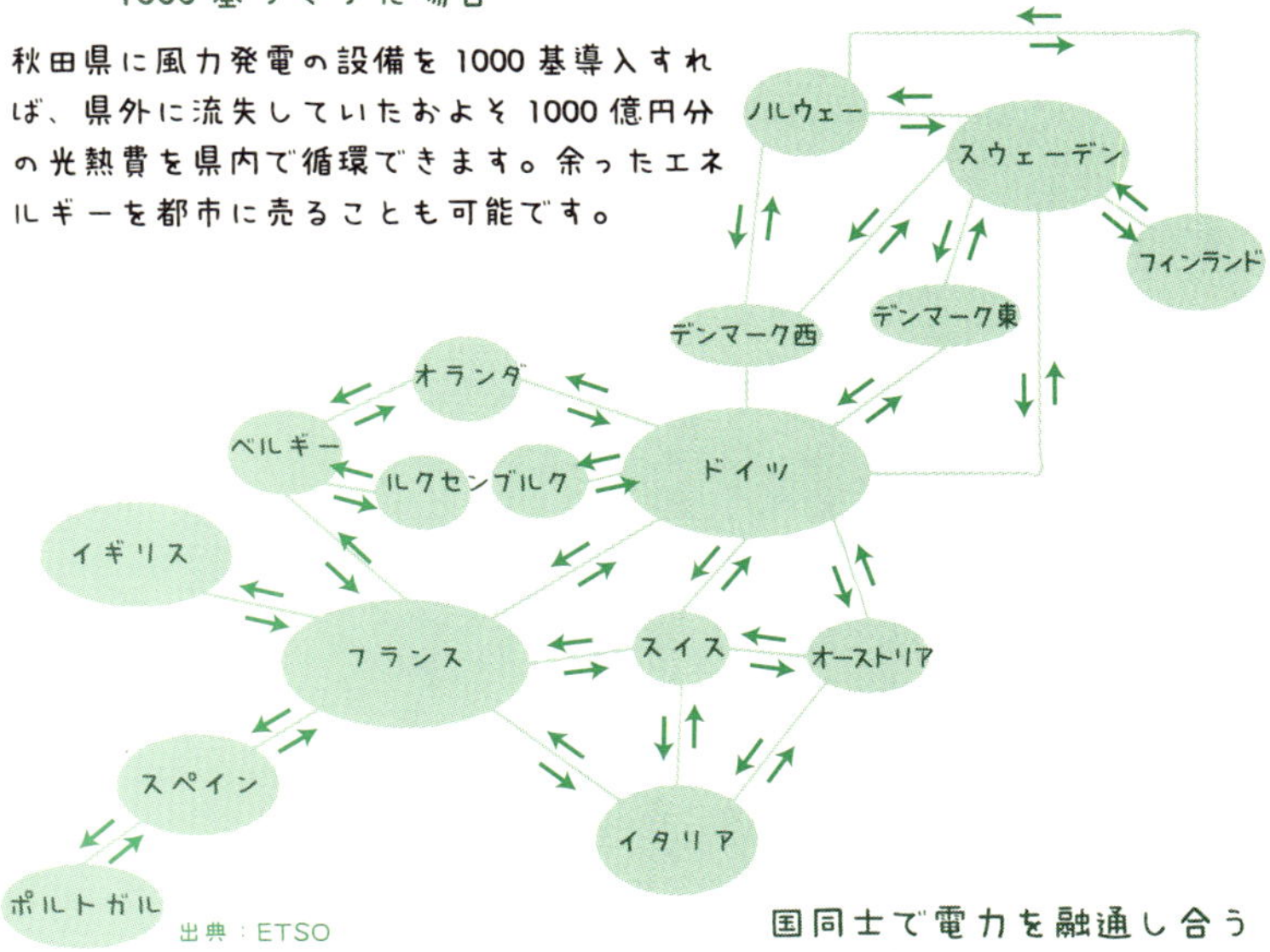

出典：ETSO

国同士で電力を融通し合う
EUのネットワーク

EUでは、電力の需要と供給に合わせて、国同士で電力を融通しあう送電ネットワークが出来ています。

Q49 自然エネルギーの経済効果ってたいしてないんじゃない？

A 世界の中で自然エネルギー産業への投資が加速しています。

原発のような巨大産業と比べると、自然エネルギー産業は経済効果が少なそうに感じるかもしれません。しかし、今やその市場規模は20兆円に達しています。さらに、毎年30％の割合で成長し、10年後には２００兆円市場に達する勢いです。

自然エネルギーへの投資額も、２０１０年には２１１０億ドルに達しました。この投資の流れをけん引するのが中国です。総額５００億ドルとなる投資額は、自然エネルギー先進国であるドイツの４１０億ドルに比べても圧倒的です。

自然エネルギー関連の企業も当然のことながら増え、雇用の提供にもつながりました。今や世界で自然エネルギーに携わる人は３５０万人以上といわれています。

今から約１００年前の１９０８年、アメリカで初の大量生産自動車「T型フォード」が登場し、自動車と石油の世紀が始まりました。そして現代、21世紀の新たなエネルギー、産業の中心となるべく、猛烈な勢いで成長しているのが、自然エネルギー業界なのです。

■世界の自然エネルギーへの投資事情

自然エネルギーへの地域別投資額

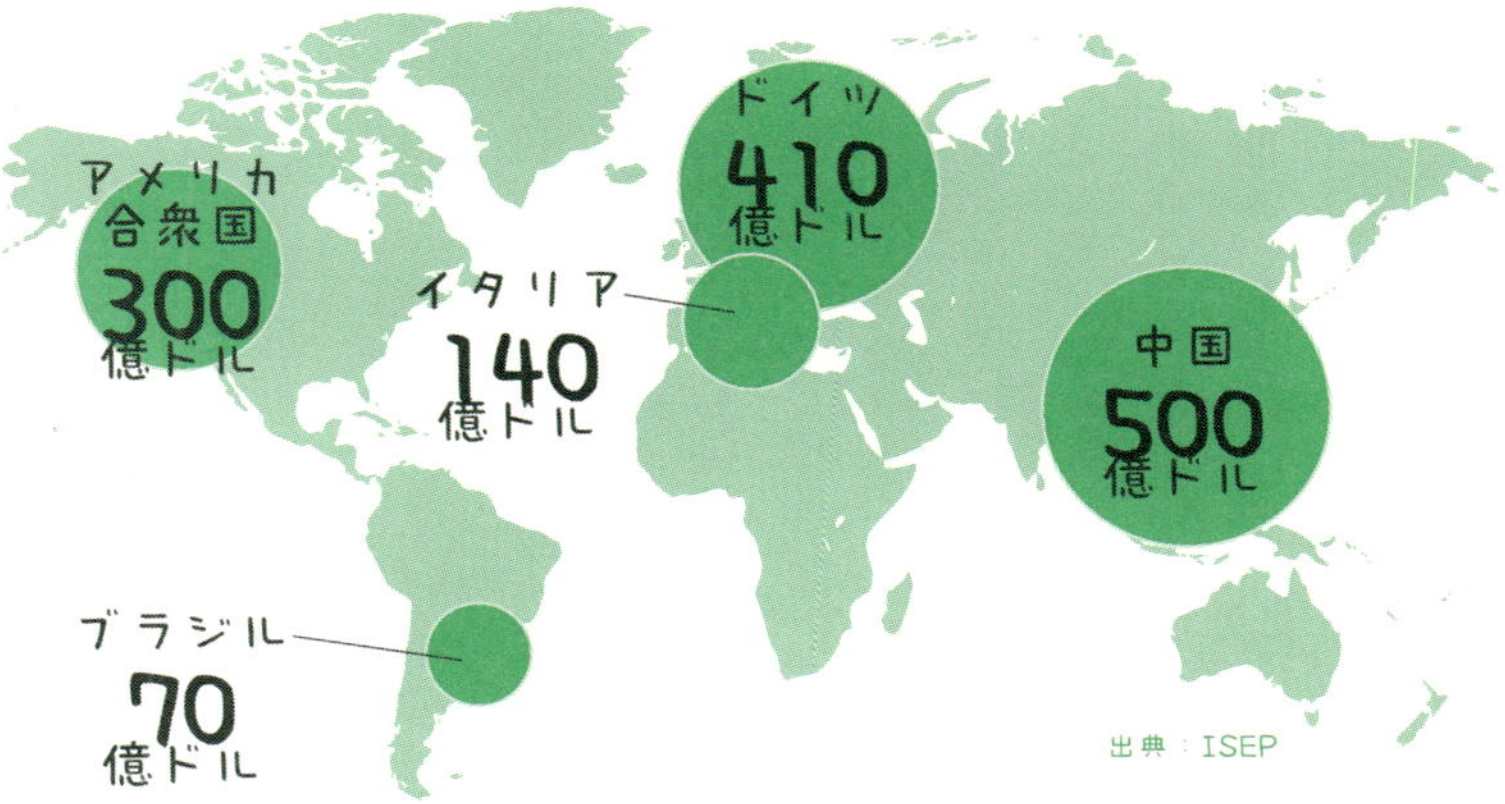

アメリカ合衆国
300億ドル
ドイツ
410億ドル
イタリア
140億ドル
中国
500億ドル
ブラジル
70億ドル
出典：ISEP

2010年には、発展途上国の自然エネルギーへの新規金融投資が初めて先進諸国を上回りました(小規模プロジェクトと研究開発分野を除く)。なかでも中国は2年連続で投資額トップになっています。

世界の自然エネルギーへの投資額の推移（大型水力発電を除く）

出典：ISEP
250
(10億ドル)
200
150
100
50
0
22
40.9
62.8
103.5
130
160
211
約10倍！
2004
2005
2006
2007
2008
2009
2010
(年)

成長を続ける世界の自然エネルギーへの投資額は2010年には2110億ドル(80円/ドル換算で約17兆円)に達しました。

Q50 日本の自然エネルギーに関する技術の話って聞いたことないんだけど……

A 政府などの無理解で、10年は後退してしまったかもしれません。

実は、日本の自然エネルギー関連の技術は、世界でもトップクラスです。ところが、せっかくの技術が図らずも国や電力会社の思わくなどで、現状、うまく機能していません。

１９８０年代初頭の第2次石油ショックの後に、「太陽熱温水器」というシステムがブームになりました。しかし、政府が「温熱政策」を取り入れなかったために失速。今では設置台数より撤去台数のほうが多いそうです。

一方、風力発電は電力会社によって邪魔をされました。１９９８年、広がり始めた風力発電市場に驚異を感じた電力会社が、システムの不都合を言い訳に導入を制限。これを機に風力発電市場は縮小してしまいます。

さらに、太陽光発電については、実は２００５年までは日本が世界のトップシェアを誇っていましたが、同年、国の補助金が打ち切られ、２０１０年には4位に転落。

その後、経済産業省の方向転換によりなんとか持ち直しましたが、国や電力会社の構造的な問題が、自然エネルギーの成長を妨げてきたというわけです。

■技術を持ちながらも伸びない日本の太陽光発電

自然エネルギーに関する特許の地域別の割合（2009年）

太陽光発電、風力発電、バイオエネルギー、地熱発電、CCS（二酸化炭素の回収・貯留）などに関する日本で出願された特許の数は、世界で55%を占めており、太陽光発電については68%にもなります。

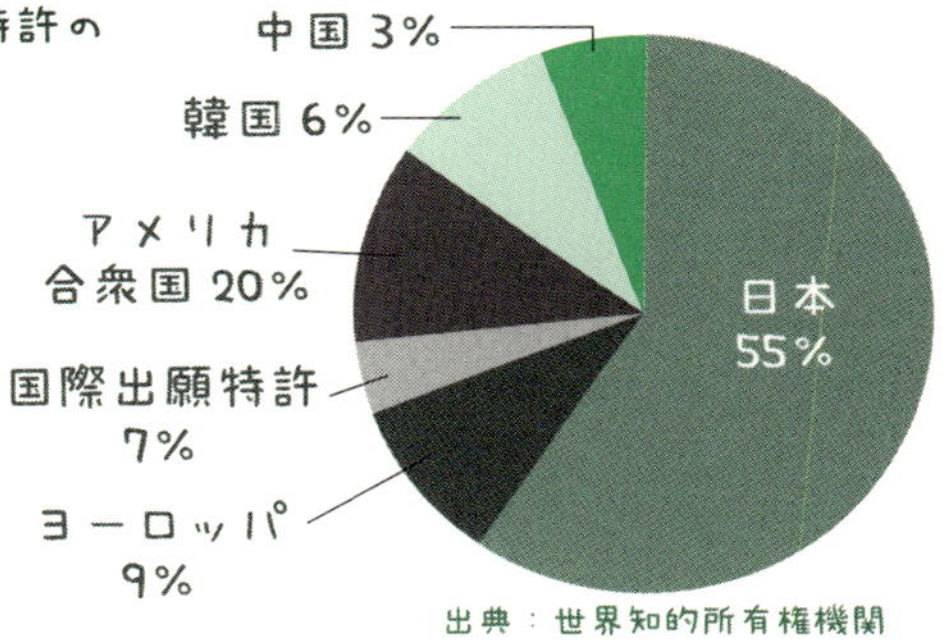

中国 3%
韓国 6%
アメリカ合衆国 20%
国際出願特許 7%
ヨーロッパ 9%
日本 55%

出典：世界知的所有権機関

太陽電池製造上位15社による市場占有率（2010年）

中国企業の成長が目立ち、シェアも拡大。日本のシェア6%の内訳は、京セラ3%、シャープの3%。特許の出願数の割合と見比べると、伸び悩んでいる様子がわかります。

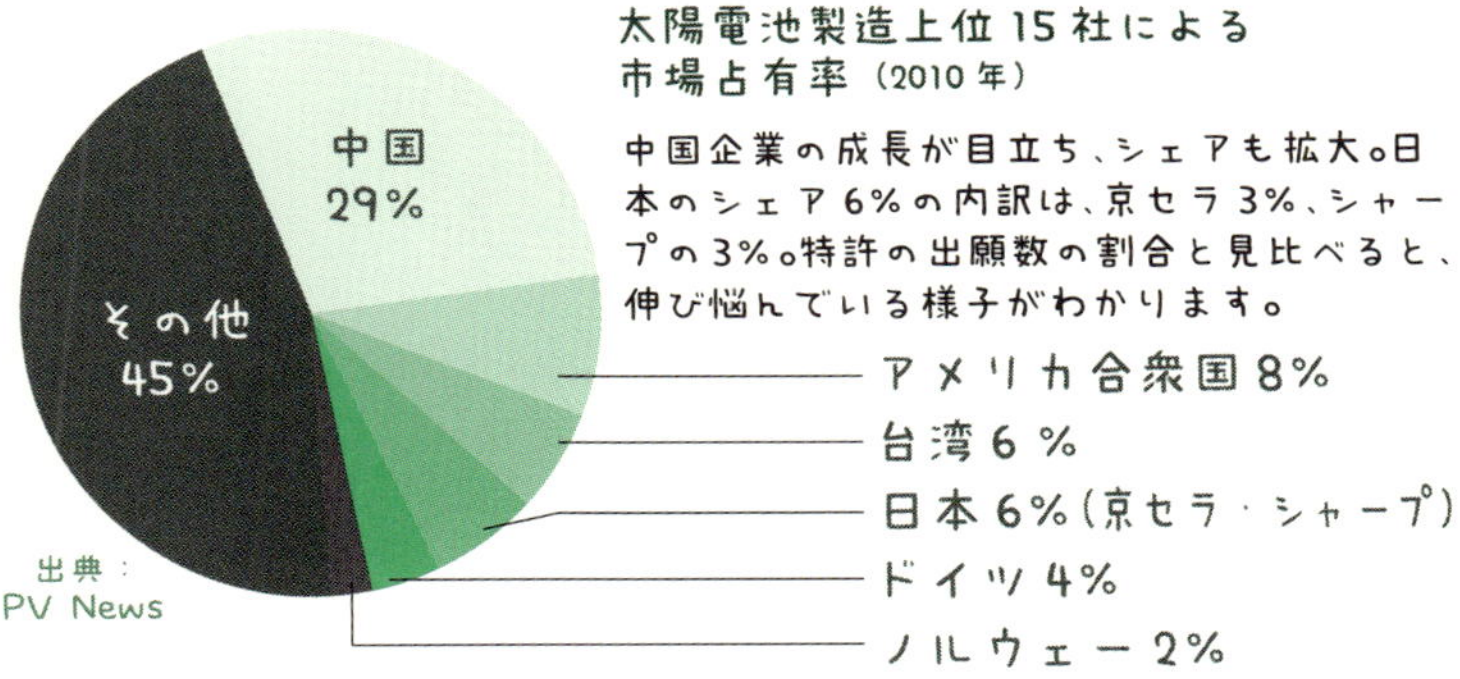

中国 29%
その他 45%
アメリカ合衆国 8%
台湾 6 %
日本 6%（京セラ・シャープ）
ドイツ 4%
ノルウェー 2%

出典：PV News

日本の自然エネルギー市場の現状

貧しい経済支援策
社会合意の不在
縦割り規制
電力会社の独占
日本の自然エネルギー市場

図のような構図が、日本の自然エネルギー市場の拡大を阻んできました。

Q51 日本は温泉大国なんだから、温泉の熱をうまく使えないの？

A いい質問です。温泉の「熱」はとてもエコなエネルギーです。

電気をつくるだけでなく、「熱」を利用するのも自然エネルギーです。

電気は発電の際に必ず廃熱を生むので、電気でお湯を湧かしたり部屋を暖めたりするのは実は効率が悪いことなのです。

その点、すでにある熱を利用するのは、とても環境にやさしい発想です。温泉の熱をそのまま暖房に用いたり、廃熱を熱源にしたヒートポンプを導入したりすれば、節電になるだけでなく地球温暖化防止にも貢献できます。

しかし、これを行っている温泉旅館はまだ少ないのが残念なところです。

マグマの熱で発電する地熱発電は、温泉・火山大国日本で期待される発電方法の一つです。しかし、１９９９年に八丈島《はちじょうじま》に設備が建設されて以降、導入は進んでいません。

理由は、地熱発電を優遇する制度が整っていないこと、温泉の環境の変化が心配され、地域の合意が得られないこと、資源の豊富な火山帯に国立公園が多いことです。

いずれにせよ、せっかくの資源ですから、有効活用の道を考えなければなりません。

■地中や温泉の熱も自然エネルギー

地中の「熱」を冷暖房に利用する地中熱ヒートポンプ

地中に蓄えられた熱を冷暖房に利用するのが「地中熱ヒートポンプ」。地中から熱を汲み上げて、温度の低いところから温度の高いところへ熱を移動させることで、冷暖房効果が得られる仕組みとなっています。

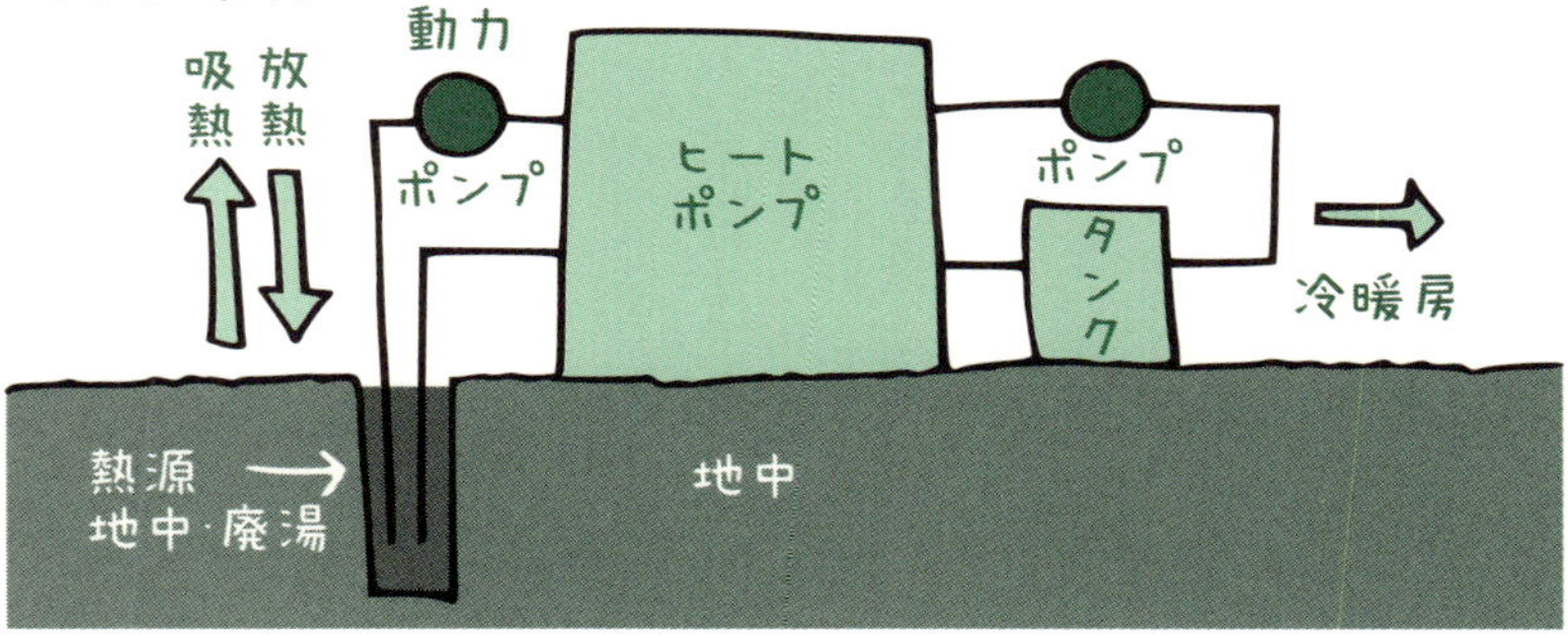

動力
吸熱
放熱
ポンプ
ヒートポンプ
ポンプ
タンク
冷暖房
熱源
地中・廃湯
地中

温泉排水の熱利用などで
CO_2と石油利用の削減に貢献
電気
エネルギー
太陽光発電
LPガス
温泉排水の熱
エネルギー
Co2
地中熱
石油
水力発電

北海道の洞爺湖(とうやこ)温泉では、温泉排水の熱を利用したヒートポンプシステムの導入で、重油の使用を止め、大幅なCO_2とコスト削減を実現しました。

Q52 今使われている水力発電だって自然エネルギーなのでは?

A 従来の水力発電は、環境への負担が大きすぎます。

水力発電は自然エネルギーの一つですが、大規模なダムによる水力発電と小水力発電は、同じ水を利用した発電方法でありながらも、だいぶ意味合いが違います。

従来の水力発電の場合は、山を削り、大量に自然を破壊し、そこに暮らす人びとのコミュニティも破壊してしまいます。権力とカネにものを言わせて中央が地域を壊していく構図は、原発と似たようなものです。

一方、小水力発電とは、従来の水力発電のような大規模な設備を必要としない発電方法のこと。河川をはじめ、農業用水路やビルの循環水、果ては上下水道などにも設置できる柔軟性の高さが特徴です。

また、設置する設備も水車と発電機など小規模なものとなるので、環境への負荷が低いのも大きなメリット。積雪量の多い東北地方などにぴったりの発電施設といえます。

富山県では、日本初の市民出資による「立《たて》山《やま》アルプス小水力発電事業」が進められています。地域所有の発電設備としても、大いに期待される自然エネルギー事業の一つです。

■従来の水力発電と小水力発電の違い

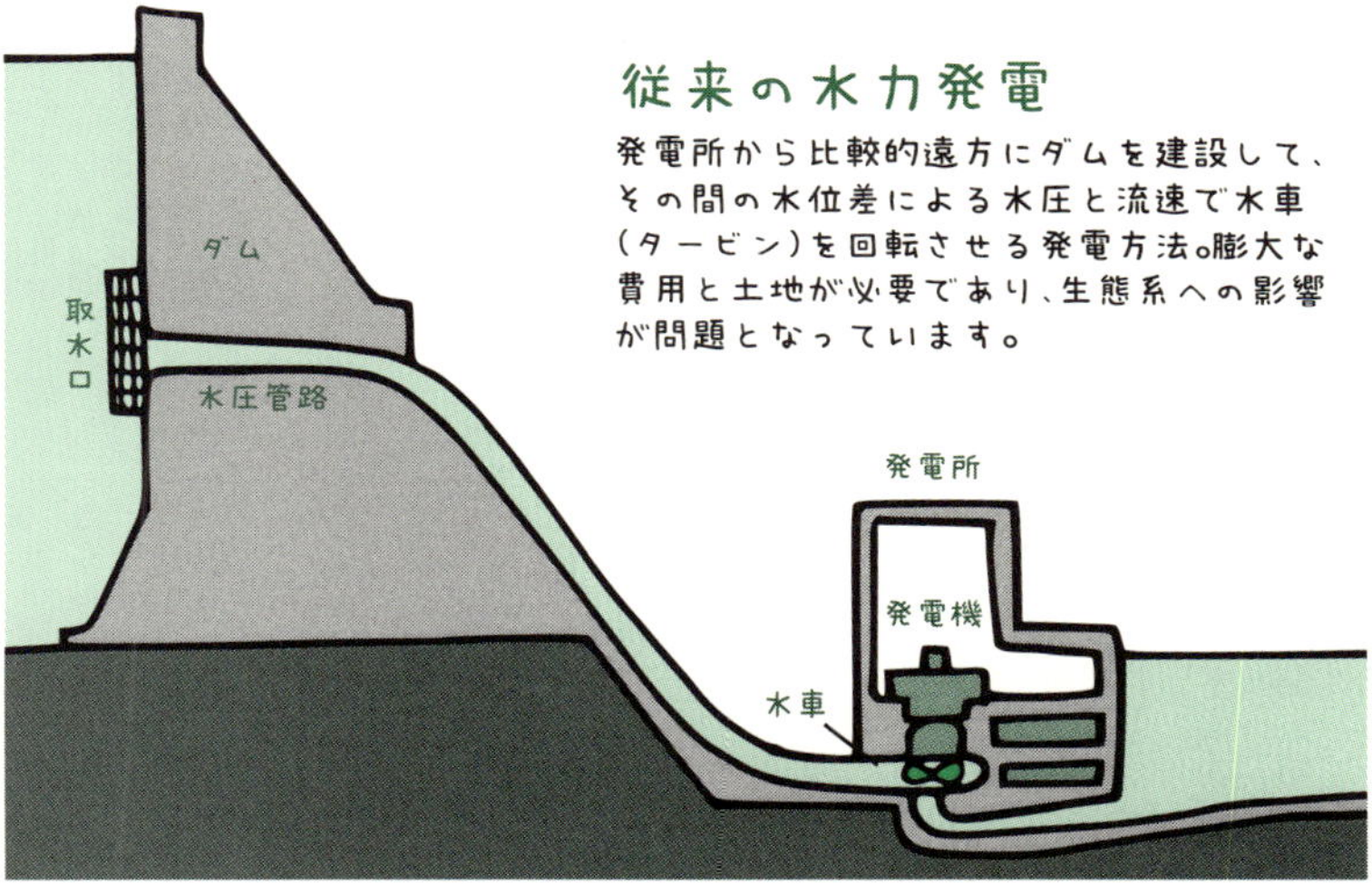
従来の水力発電
発電所から比較的遠方にダムを建設して、その間の水位差による水圧と流速で水車（タービン）を回転させる発電方法。膨大な費用と土地が必要であり、生態系への影響が問題となっています。
ダム
取水口
水圧管路
発電所
発電機
水車

小水力発電　水の流れで水車を回して発電する原理は従来の水力発電と同じですが、ダムのような大規模構造物を必要としません。

	水路式	直接設置式	減圧設備代替式	現有施設利用
概要	川などに水路を儲け、水の流れに落差をつける方法。	用水路の落差や既存の堰などに、水車と発電機を直接設置する方法。	水道の給水設備などで利用されている圧力調整バルブ（減圧バルブ）による水圧を利用する方法。	ため池やプールなど施設の水を利用する方法。
図	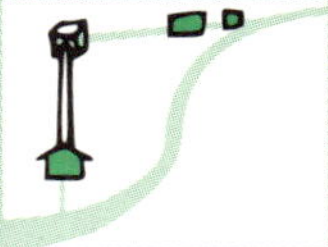		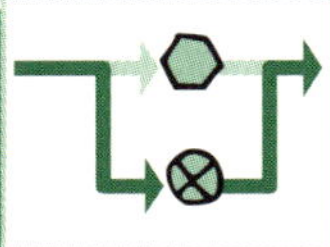	

参考：環境省ホームページ

降水量が多く河川が豊かな日本では、小水力発電が日本の自然エネルギーの発電量の約6割をまかなっています。ただし、資源は豊富ながら、河川の水の利用にともなう法律上の手続きの複雑さで伸び悩んでいるというのが現状です。

Q53 世界の国々では誰が中心となって自然エネルギーの導入を進めているの？

A 国ではなく、地域の人びとが中心になって進めています。

こと自然エネルギー関連の革新的な出来事に関していえば、圧倒的に国ではなく地域主導で成功した例が多いのが実情です。

その代表的なものが、アメリカ・カリフォルニア州のサクラメント電力公社の例です。この公社は、「木を植える電力会社」と言われるほど型破りな試みを続けてきました。

夏の電力供給の際には、発電所の増設ではなく、木を植えて木陰をつくることで冷房の需要を減らしたり、ソーラーパネルを設置するために、市民に屋根の提供と電気料金の割増を求めたりしました。

こうした住民参加型のエネルギー問題への取り組みが、後に世界各地で発達することになる、自然エネルギーでつくられた電力を選択的に購入できる仕組み「グリーン電力」のルーツとなったのです。

日本でも、新しい試みは地方から始まっています。長野県飯田市では、自治体と市民が協力して太陽光発電を設置しました。

こうした地域の小さなチャレンジが、いずれ大きな流れをつくっていくことでしょう。

■地域から始まった自然エネルギー革命

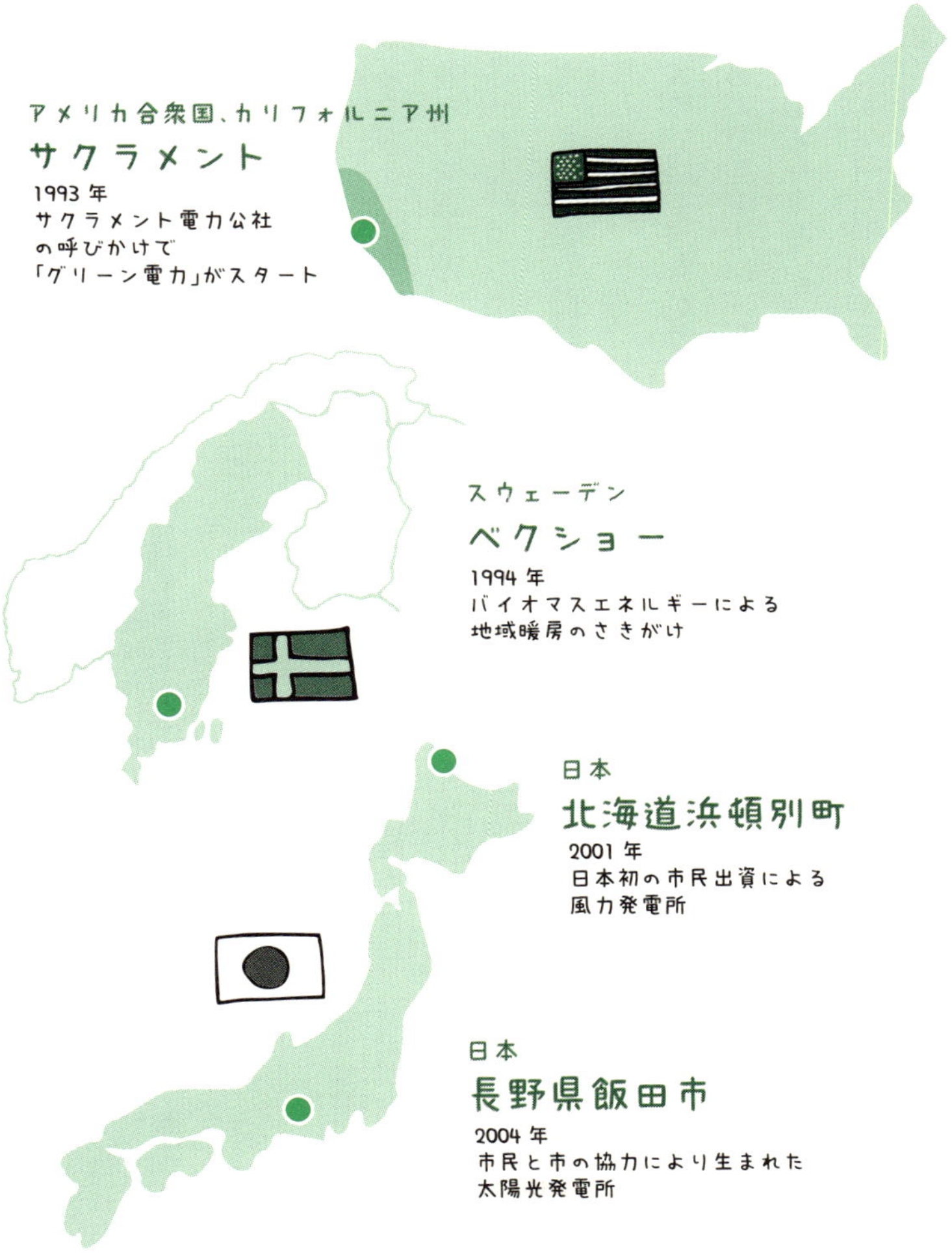
アメリカ合衆国、カリフォルニア州
サクラメント
1993年
サクラメント電力公社
の呼びかけで
「グリーン電力」がスタート
スウェーデン
ベクショー
1994年
バイオマスエネルギーによる
地域暖房のさきがけ
日本
北海道浜頓別町
2001年
日本初の市民出資による
風力発電所
日本
長野県飯田市
2004年
市民と市の協力により生まれた
太陽光発電所

世界的に見ると、まず地域が自然エネルギー導入の先べんをつけた事例は、数多くあります。たとえば日本でも、北海道浜頓別町の市民風車を皮切りに、市民出資の風力発電が徐々に広がりつつあります。

Q54 よりよい未来を迎えるために、私たちが今考えるべきことは何ですか？

A まずは、社会とのかかわり合いについて考えてみましょう。

今、私たちが直面している問題は、たんにエネルギーが足りるか足りないか、どんなエネルギーを選ぶかという問題にとどまりません。日本人が、これまで右肩上がりの成長に任せ、さまざまな問題の本質を突き詰めずに暮らしてきたツケを、どう払っていくか、何を改めていくべきかという問題です。

あの原発事故は、そのツケが最悪の形で現れてしまったということなのです。

２０１１年3月11日以降、日本は、明治維新、敗戦に次ぐ、３度目の歴史の大転換期に突入しました。江戸が明治に、戦前が戦後になったように、社会が生まれ変わるには最低でもこの先10年はかかるでしょう。

そのなかで皆さんにはぜひ、自ら積極的に物事を学ぶ姿勢を忘れないでほしいと思います。そして、さまざまな人と意見を交わしながら考えを深めてほしいとも思うのです。

あの震災と原発事故を踏まえ、これからの社会をどう築き上げればよいのか。未来の大人たちも納得できる答えをきちんと考えることこそ、今、私たちがすべきことなのです。

■変わりゆく時代とエネルギー

1950年代
高度経済成長

石炭から石油へ

1970年代
オイルショック

石油から原発へ

1990年代
地球温暖化問題

原発への過剰依存

私たちの社会は、
およそ20年ごとにエネルギーの
転換期を迎えてきました。
そして2011年3月11日以降、
日本はまた新たな転換期を
迎えようとしています。

おわりに

福島の原発事故を目の当たりにして改めて実感したこと。それは、原子力はものすごい力をもつ電力源であると同時に、とてつもなく危険な要素に満ちあふれたエネルギーだという事実です。さらには、これまでずっと見て見ぬ振りをしてきた問題に、ついに直面させられたとも思われました。

その問題とは次のふたつ。すなわち、原発を使い続ける限り今回のような悲惨な事故が起こる可能性が常につきまとうということ。そして、数万、数十万年にもわたって核廃棄物という負の遺産を未来の世代に背負わせ続けることになるということです。これこそが、原子力のもつ「究極の悪影響」といえるでしょう。

本書で挙げた54のQ&Aは、もちろん、一つひとつが原発、エネルギー問題に対する回答になっています。

再三述べてきたように、そもそも原発がなくなっても、私たちはまったく問題なく日常生活を送ることが可能です。そしていよいよ、日本にあるすべての原発が停止するという現実も視野に入ってきました。

しかし、原発がすべて止まれば〝一件落着〟となるのでしょうか？

どうも、原発、原子力の問題を解決するということは、より大きな問題に取り組むための入り口に過ぎないような気がします。福島の事故を経験した私たちが本当に問うべきこと。それは、原子力で電力をつくり出すのがいいのか、あるいは自然エネルギーによる電力がいいのか、といった発電方式の是非を超えた問題、つまり、一体この先私たちはどのような社会を築き上げていくべきなのかという、いわば生き方の選択肢にまつわる問いではないのでしょうか。

実は、エネルギーをとりまく世界には、日本社会が抱えている、政治、地域、民主主義のあり方にまつわるさまざまな問題が折り重なっています。

私は大学で原子力を学び、企業で原子力の技術を研究・開発したものの、そのあり方に疑問を感じて〝原子力ムラ〟を飛び出し、自然エネルギーの研究と政策に携わるようになりました。

けれど、そんな私ですら、まさか日本で福島第一原発のような大事故が起こるとは考えていませんでした。それはある種の、技術者特有のごう慢だといえるかもしれません。原子力に携わる技術者たちは、自分たちが巨大な原子力エネルギーを完全に支配できるというおごりを抱いていたのです。

その背景には、「大きいことはいいことだ」「技術の進歩こそが社会の進歩につながる」という、きわめて単純な、絶えず右肩上がりの発展を目指す成長至上主義があったことは否めません。そして、企業人は企業の無限の成長を目指し、技術者はひたすら複雑で巨大なハイテク技術を追い求めて突き進んできたのです。

そうした社会と人の生き方を、見直す時が来たのではないでしょうか。

＊＊＊

２０１２年２月現在、東日本大震災で尊い命をなくされた方の数は１万５０００人以上。そして、原発事故の影響により、慣れ親しんだ故郷からの避難を余儀なくされた人の数は、福島県民だけで６万人以上にも上ります。しかも、たとえ除染・復興が進んだとしても、もと通りの生活を送れる保証はどこにもありません。

その一方で、この状況を乗り越えて未来をつくり出せるのは、今を生きる私たちをおいてほかにはいないというのも、また事実です。

アップル社の創始者スティーブ・ジョブズが、ガレージでコンピューター会社を立ち上げた1970年代には、画面を指で押すだけで世界中とつながる時代が来るなど、当のジョブズだって考えもしなかったに違いありません。

これは、ほかの分野にもあてはまること。自然エネルギーについても、真剣かつ時に面白がりながらみんなで考えていけば、想像もつかないようなビジネスモデルやソーシャルモデルが、きっと生まれ広がっていくことでしょう。

未来は無限の可能性にあふれています。

この本をもとに一人でも多くの人が、明日のエネルギー、明日の社会、そして〝未来の大人たち〟の人生について考えてみよう、話し合ってみようと思っていただけたら、これに勝る喜びはありません。

2012年2月

飯田哲也

核のゴミと放射線のマメ知識

核のゴミの危険度

ガラス固化後の「高レベル放射性廃棄物」が出す放射線（約 1500 シーベルト毎時）を浴びると、20 秒弱で 100% の人が死亡するといわれています（国際放射線防護委員会の資料より）。

核のゴミはいつまで危険？

核のゴミは、長い期間放射線を出し続けます。核のゴミに含まれる放射能が弱まるのは、プルトニウム 239 の場合約 2 万 4000 年後、ウラン 238 の場合は約 45 億年後という遠い未来のこと。このような、放射能の強さが元の半分になるまでの時間を「半減期」と呼びます。

放射線と放射能

放射線は大きなエネルギーをもった電磁波で、一定量を浴びると、体に異変が生じます。放射能は放射線を出す性質、能力のことで、放射性物質は放射能をもつ物質のことを指します。電球にたとえると、電球が放射性物質、電球の出す光が放射線といったところです。

放射線の単位

放射線の単位でよく用いられるのが、ベクレル、グレイ、シーベルトです。ベクレル（Bq）は、放射線を出す能力（放射能）の強さを表す単位。グレイ（Gy）は、放射線の当たった物質が吸収する放射線の量を表す単位。シーベルト（Sv）は、放射線が人体に及ぼす影響を表す単位として用いられます。

外部被ばくと内部被ばく

放射線にさらされることを「被ばく」といいます。体の外から放射線を受けることが「外部被ばく」、体内に入った放射性物質が出す放射線を受けることが「内部被ばく」です。体内に入った放射性物質は除去が難しいため、内部被ばくにはとくに注意が必要となります。

エネルギー参考資料1

核のゴミってどんなもの？

核のゴミとは、原発などの原子力施設を運転した際に発生する、放射線を出す廃棄物のことを指します。

原子力発電は、燃料のウランが核分裂を起こした時に出る熱で蒸気をつくり、その蒸気の力でタービンを回して発電する方法です。ウランは核分裂の際に強い放射線を出すのが特徴で、燃料として使い終わった後も放射線を出し続けます。この使用済みの燃料と、燃料から出た放射性物質が付着した資材が核のゴミとなるのです。

核のゴミから出る放射線は人体に有害なため、そのまま捨てることはできません。日本の場合、使用済み核燃料を「再処理」をし、使えるウランとプルトニウムを取り出した後、その過程で出た廃液をガラス固化します。これが「高レベル放射性廃棄物」です。一方、放射性物質が付着した金属やコンクリートなどは「低レベル放射性廃棄物」となり、それぞれ厳重に管理されます。

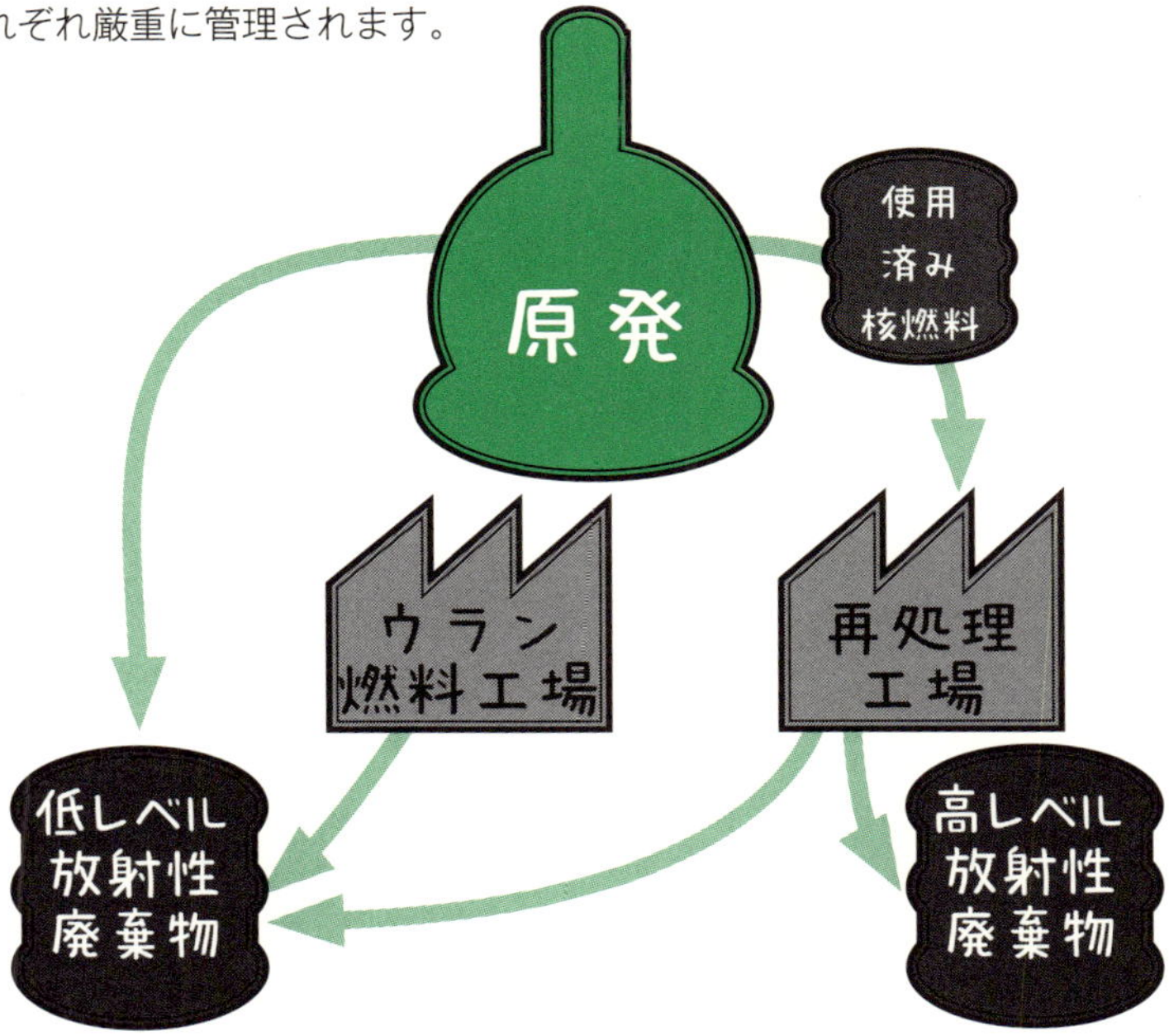

スーパーグリッド《すーぱーぐりっど》	大陸間の電力系統を結ぶ高圧直流送電線。ヨーロッパ9ヵ国では、これを用いた大規模な送電網の拡充を計画中です。実現すれば、北海の洋上発電所やサハラ砂漠の集中太陽熱発電などでつくられた自然エネルギーの大量送電も可能になるでしょう。
スマートコミュニティ《すまーとこみゅにてぃ》	地域全体の電力の需要と供給を、ITによって管理し、無駄なく電力を活用する次世代社会システム。家庭やビル、交通システムをITネットワークでつなげ、変化する電力の需要と供給を把握することにより、電力量を的確にコントロールします。
ゼロ・エミッション《ぜろ・えみっしょん》	産業活動から出るあらゆる廃棄物や副産物を、ほかの産業の資源として活用し、廃棄物を出さない生産のあり方を目指す構想。資源の有効利用にとどまらず、廃棄物処理などにともなって発生する温室効果ガス削減にも当然つながります。
バイオ燃料《ばいおねんりょう》	動植物由来（主にトウモロコシやサトウキビなど）の有機物を原料とした燃料のこと。化石燃料の代替燃料として、またCO_2削減効果にも期待が寄せられていますが、食料との競合やCO_2削減効果の見極めが国際的な課題となっています。
発送電分離《はっそうでんぶんり》	電力の発電事業と送電事業を分けること。発送電分離により発電事業者の新規参入で競争が促され、料金値下げや自然エネルギー普及といった効果が期待されます。ほとんどの先進国で、発電事業と送電事業は分離されています。
燃料電池《ねんりょうでんち》	水素と酸素の化学反応を利用した発電システムのことで、エネルギー効率がよいとされます。家庭用燃料電池の場合、都市ガスなどからつくられる水素ガスと酸素を化学反応させて発電し、その際に生じる熱を利用して温水をつくることも可能です。

エネルギー参考資料2

知ってトクする エネルギーキーワード集

LED《えるいーでぃー》	Light Emitting Diode（発光ダイオード）の略で、電気を流すと発光する半導体の一種です。LEDを用いた照明は、白熱灯などの従来の光源に比べて寿命が長く、電力消費量が低いのが特徴。
温室効果ガス《おんしつこうかがす》	太陽の熱を地球に閉じ込め地表を暖める効果をもつ、CO_2（二酸化炭素）やメタンガスといったガスのこと。温室効果ガスによる地球温暖化が、海面上昇や異常気象の発生につながるといわれています。
京都議定書《きょうとぎていしょ》	1997年に京都市で開かれた「第3回気候変動枠組条約締約国会議（COP3）」で議決した議定書。日本を含む先進国に、それぞれ目標量を示して温室効果ガスの削減・抑制を義務づけ、その達成時期を定めたもの。
グリーン・ニューディール《ぐりーん・にゅーでぃーる》	2008年のリーマンショック後、アメリカ合衆国大統領バラク・オバマが経済危機から脱出するために打ち出した経済政策。環境ビジネスへの投資により、脱温暖化を進め、環境問題と経済問題の両方の危機を克服していこうというもの。
コジェネレーション《こじぇねれーしょん》	熱と電力を同時に利用するエネルギー供給システムで、発電所などから出る温排水の熱を利用して、冷暖房と給湯をまかなうというもの。ヨーロッパでは地域単位でこのシステムが導入されています。
固定価格買取制度《こていかかくかいとりせいど》	太陽光や風力、地熱をはじめとする自然エネルギーで発電された電気を、国が定める価格で一定期間、電力会社が買い取ることを義務づける制度。発電事業者の財務的な負担が減るため、自然エネルギーの普及に大きな影響を及ぼします。

●キッチン

冷蔵庫　物をたくさん**詰め込みすぎない**

たくさん入れていた食べ物を半分に減らしたところ……	原油換算　11.05L CO_2削減量　15.4kg	年間省電力量 **43.84kWh** 約**960円**の節約

電気ポット　使っていない時は**プラグを抜く**

昼、2.2Lポットの水を沸騰させた後、夜まで6時間保温状態にしっ放しだったのを、沸騰後にプラグを抜いて、夜、再沸騰させるようにしたところ……	原油換算　27.08L CO_2削減　37.7kg	年間省電力量 **107.45kWh** 約**2360円**の節約

●バス＆トイレ

お風呂　前の人に**続いて入浴する**

前の人の２時間後に追い炊きして入浴していた習慣をやめ、前の人に続いて入浴し追い炊きしなくなったところ……	原油換算　44.31L CO_2削減量　87kg	年間節約ガス量 **38.20㎥** 約**6490円**の節約

温水洗浄便座　使った後は必ず**フタを閉める**

使ったら必ずフタを閉めるように習慣づけたところ……	原油換算　8.79L CO_2削減量　12.2kg	年間省電力量 **34.9kWh** 約**770円**の節約

●おまけ　CO_2を計算してみよう

エアコンのカタログなどには、消費電力量が記載されていることもあります。下の計算式を使って、家庭での CO_2 排出量を計算してみましょう。

エネルギー消費量 × **CO_2排出量の排出係数**（電気＝0.351kgCO_2/kWh　ガス＝2.277kgCO_2/㎥）＝ **CO_2排出量**

参考：省エネルギーセンター資料

エネルギー参考資料3

家庭でカンタン 省エネ・節電術

ふだんの生活の中でも、ちょっとした気配りで省エネと節約ができます。誰でもカンタンにできる省エネ・節電術とその効果の一例をご紹介しましょう。

※電気代などのデータは居住地域などの条件により異なります

●冷暖房

エアコン① 冷房の設定温度を**1℃**上げる

外気温度31℃の時、設定温度を27℃から28℃にして1日9時間使用すると……	原油換算 7.62L CO_2削減量 10.6kg	年間省電力量 **30.24kWh** 約**670円**の節約

エアコン② 暖房の設定温度を**1℃**下げる

外気温度6℃の時、21℃の設定温度を20℃に下げ1日9時間使用すると……	原油換算 13.38L CO_2削減量 18.6kg	年間省電力量 **53.08kWh** 約**1170円**の節約

ガスファンヒーター 暖房の設定温度を**1℃**下げる

外気温度6℃の時、21℃の設定温度を20℃に下げ1日9時間使用すると……	原油換算 9.46L CO_2削減量 18.6kg	年間節約ガス量 **8.15m^3** 約**1390円**の節約

●照明 白熱電球から**電球形蛍光ランプ**に交換する

54Wの白熱電球から12Wの電球形蛍光ランプに交換すると……	原油換算 21.17L CO_2削減量 29.5kg	年間省電力量 **84kWh** 約**1850円**の節約

●洗濯機 何度も洗わずに**まとめて洗う**

洗濯機容量の4割ほどの量を2回に分け洗っていたのを、2倍の8割に増やしてまとめて洗ったところ……	原油換算 1.48L CO_2削減量 2.1kg	年間省電力量 **5.88kWh** 約**130円**の節約 年間節水量 **16.75km^3** 約**3820円**の節約

飯田哲也（いいだ てつなり）

1959年、山口県生まれ。認定NPO法人環境エネルギー政策研究所（ISEP）所長。京都大学大学院工学研究科原子核工学専攻修了。東京大学先端科学技術研究センター博士課程単位取得満期退学。原子力産業や原子力安全規制などに従事後、「原子力ムラ」を脱出して、北欧での研究活動や非営利活動を経てISEPを設立し現職。持続可能なエネルギー政策の実現を目指し提言・活動を行っている。とくに3.11後にいち早く「戦略的エネルギーシフト」を提言して公論をリードしてきた。主著に『エネルギー進化論』（筑摩書房）、『エネルギー政策のイノベーション』（学芸出版社）、共著に『「原子力ムラ」を超えて―ポスト福島のエネルギー政策』（NHK出版）、『原発社会からの離脱―自然エネルギーと共同体自治に向けて』（講談社）など。

未来《みらい》の大人《おとな》たちに教《おし》えたい

原発《げんぱつ》とサヨナラする54の理由《りゆう》

2012年4月5日 第1刷発行

著 者 飯田哲也

発 行 人 佐久間憲一

発 行 所 株式会社牧野出版

〒135-0053

東京都江東区辰巳1-4-11 STビル辰巳別館5F

電話 03-6457-0801

ファックス（ご注文） 03-3522-0802

http://www.makinopb.com

印刷・製本 精文堂印刷株式会社

内容に関するお問い合わせ、ご感想は下記のアドレスにお送りください。

dokusha@makinopb.com

乱丁・落丁本は、ご面倒ですが小社宛にお送りください。

送料小社負担でお取り替えいたします。

ISBN:978-4-89500-153-3